초원의 유혹

초원의 유혹

전성군 지음

한국학술정보㈜

국민의 관심과 농업 · 농촌

농업은 국민의 관심 속에서 존재하고 성장하는 산업입니다.

국민과의 따스한 교감이 있어야 생기 있는 농업생산과 활력 있는 농촌생활이 가능해집니다.

오늘의 우리 농업계가 당면한 가장 큰 과제는 시장에서 거래되는 화폐가치의 잣대로만 농업의 크기를 측정하려 하고, 자기 부모형제가 살고 있는 지역에 한정된 이해관계로만 농촌을 바라보는 도시민의 시야를 넓혀주는 일입니다.

농업인이나 농업 관련 분야 종사자들은 농촌의 환경적 · 문화적 가치 등 농업의 다원적 기능을 힘써 설명하지만 바쁜 일상 속의 도시민에게는 지나가는 남의 이야기로만 들릴 뿐입니다.

농촌에서 멀리 떨어져 있는 도시민의 농업·농촌에 대한 닫힌 마음을 파고들어 애정 어린 관심을 심어주기 위해 활발한 교육 · 연구 활동을 하고 있는 전성군 박사에 대한 기대가 더욱 커지고 있습니다. 그동안 틈틈이 발표했던 글을 모아 펴낸 이 한 권의 책이 도시민의 사고의 영역을 넓히면서 우리 농업 · 농촌에는 희망을 불러오는 한줄기 시원한 바람의 역할을 해낼 것으로 믿습니다.

또한 도시민의 마음을 움직이는 농업 · 농촌이 되기 위해 농업인이 어떻게 생각하고 행동해야 하며, 어떻게 자기 마을을 발전시켜 나갈

지에 대하여 명쾌하게 제시한 내용들이 농업인에게 큰 도움이 되리라고 생각합니다.

이 '초원의 유혹'이 널리 애독되어 도시민의 생각하는 영역을 넓히면서 삶을 더욱 살찌게 하는 동시에 우리 농업·농촌에는 내일의 꿈을 키우고 성취하는 데도 기여하기를 기대합니다.

(전)농산어촌어메니티연구회장
(사)향토지적재산본부 이사장　이 ㅐ ㅜ

16세기 토머스 모어는 그의 소설 유토피아에서 농촌을 유토피아로 그리고 있다. 도시에서의 삶은 의무이고 농촌에서의 삶은 도시에서 일정기간 살았던 사람에게 주는 권리이다. 도시는 억지로 살아야 하는 곳이고 농촌은 환경이 좋으니까 살 수 있는 권리를 부여 받는 것이다. 오늘날에도 영국 등 구라파는 부자들이 농촌에서 여유 있게 사는 모습을 볼 수 있다.

이들 나라가 밑천으로 삼은 것은 무엇일까, 바로 농촌의 쾌적한 환경과 풍부한 향토자원 등 농촌다움의 다원적 가치를 지닌 농촌어메니티 자원이다. 선진국들은 오래전부터 농산어촌 어메니티의 고유한 가치를 정부와 도시 부문에서 먼저 인식하고 농촌 주민의 소중한 자산과 소득원으로 키우는데 수범을 보여주고 있다.

다행히 우리나라에서도 최근 도시부문에서 사람다운 삶에 대한 욕구와 충동이 일어나고 있다. 그 해답을 농산어촌의 순수한 생산력 향상과 인간다운 모습의 정(情)의 문화 그리고 아름다운 환경, 전통문화예술, 오염에 찌들지 않은 경관, 신선한 공기와 깨끗한 물, 그리고 친환경적인 농산식품 수요에서 찾으려는 움직임도 있다. 특히 주5일 근무제가 대두되면서 농촌에 찾아가 웰빙을 만끽하려는 경향이 두드러지게 나타나고 있는 것도 자주 볼 수 있다.

그런 의미에서 전성군의 『초원의 유혹』은 틀에 얽매인 농업·농촌 이론을 설명하기보다는 농산어촌어메니티연구회 운영위원으로서 수년 간 농촌체험활동을 하면서 느꼈던 체험들을 소박하고 진솔하게 글로 표현하여 독자들이 보다 쉽게 농업과 농촌에 접근할 수 있도록 하는 길잡이 역할을 할 것으로 기대된다.

(현)농산어촌어메니티연구회장　　　현 의 송
한일농업농촌문화연구소 대표이사

축하의 글

농업과 농촌은 우리나라는 물론 세계 모든 나라의 기간산업이다. 특히 산업으로서의 농업은 생명산업인 동시에, 21세기 유망산업으로 발전할 수 있는 첨단산업이다. 일찍이 노벨 경제학상을 수상한 쿠즈네츠 교수는 후진국이 공업 발전을 통해 중진국까지는 발전할 수 있으나 농업 발전 없이 선진국이 되는 것은 불가능하다고 설파하였다.

그러나 사회 및 경제가 발전함에 따라 과거 중요한 위치를 차지했던 농업과 농촌의 위상은 달라지고 있다. 최근 급속하게 진행되고 있는 국제화, 개방화는 우리 농업과 농촌에 큰 폭의 변화를 예고하고 있다. 그 어느 때보다도 농업과 농촌에 대한 이해와 지원이 요구되고 있다.

이러한 사회 분위기에 따라 농업과 농촌에 대한 인식이 새롭게 조성되고 있다. 농업과 농촌이 식량과 원료를 생산하는 경제적 역할은 물론이고, 농업 농촌의 아름다운 경관을 유지하고, 전통문화를 지키고, 농촌지역사회를 유지하는 다원적 기능도 수행한다는 것을 깊이 인식하기 시작한 것이다.

때맞춰 농협과 전경련, 문화일보 등의 주도하에 농촌사랑운동이 범국민적으로 확산되고 있다. 이에 전성군 칼럼집은 한 발짝 더 농업 농촌에 대한 관심을 제고시킬 수 있는 계기가 되리라 본다.

아무쪼록 『초원의 유혹』의 발간을 계기로 우리농업 농촌의 가치와 정보를 부여하는 긴요한 길잡이가 되기를 진심으로 바라며, 그의 독특한 농업·농촌에 대한 애착과 고민과 깊은 열정을 담아낸 소중한 글들이기에 더욱 빛을 발할 것으로 기대하며 축하를 보낸다.

농협중앙교육원장 최종천

프롤로그

계곡물이 차갑다. 밤송이가 연초록의 광채를 띠고 있는 걸 보면, 어느새 들녘에도 가을이 찾아온 모양이다. 세월이 멈춰선 듯 고즈넉한 고향을 떠올리고 있노라니, 불현듯 어릴 적 마을회관 거울 위에 붙어 있던 밀레의 <만종> 그림이 생각난다. 그 소박성이 좋고, 진실성이 무척이나 마음에 들었더랬다.

가난한 농군의 아들이었던 밀레는 일생 동안 일하는 농부들을 그림의 소재로 삼았다. 마을 사람들이 푼푼이 모아준 돈으로 파리에 가서 그림 공부를 하였고, 고향에 돌아와서는 농사를 지으면서 그림을 그렸다. 농촌의 삶 속에서 고된 노동의 모습을 그리려고 한 밀레의 자세는 농촌 인구가 도시로 빠져나감에 따라 농촌이 황폐해지는 시대를 반영하고 있다. <이삭줍기> <양치는 소녀> <씨뿌리는 사람> 등의 대표적인 작품만 보아도 농촌지킴이 역할을 얼마나 톡톡히 해냈는가를 알 수 있다.

그런 의미에서 이 시대를 살아가는 우리에게 밀레의 만종은 '경종'을 울려주고 있다. 보지 않았던가. 석양을 등지고 손을 모으고 기도하면서 서 있는 두 사람을. 그 기도는 농촌을 끝까지 지키겠다는 농민들과, 그들의 모습을 그림에 담은 밀레의 다짐이다. (한겨레 칼럼 중에서 2005. 9)

지금 내 인생에 있어서 안타까운 일은 '밀레의 만종'을 사모했던 그 시절로 되돌아갈 가능성이 낮아지고 있다는 현실적인 확인이다.

그러나 다시 한번 반추해 볼 수 있는 여력이 아직도 내게 있다는 확인은 희망을 갖게 한다. 오늘날 우리는 가진 것은 몇 배가 되었지만, 가치는 줄어들었다. 우리는 달에도 갔다 왔지만 이웃집에 가서 이웃을 만나기는 더 힘들어졌다.

농촌은 가난하지만 우리의 본향인 동시에 이웃이다. 그 이웃이 가난하다고 꿈조차 가난할 수는 없다. 그래서 오늘 필자가 용기 내어 제안하는 것이다.

이 책은 농촌사랑운동이 본격적으로 시작된 2004년부터 최근까지 국정브리핑 국정넷포터 난에 연재했던 칼럼들을 분야별로 모은 것이다. 그리고 독자의 이해를 돕기 위해 칼럼과 관련된 사진자료를 덧붙였다. 아무쪼록 이 책이 농촌세상을 보는 또 다른 눈을 가질 수 있는 계기가 되었으면 하는 바람이다.

-2007년 10월 전성군

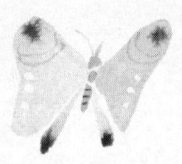

목차

1장 초원의 유혹 / 17

1. 친환경 농촌 디자인 …………………………………… 19
2. 『상록수』에 담긴 '이타적인 협동' 교훈 ……………… 21
3. 이젠 눈으로 먹는 농산물 시대 ………………………… 25
4. 농촌 · 도시 만나는 '자연의 섬' 만들자 ……………… 29
5. 풀벌레 · 개울물 소리에 귀 기울여 보세요 ………… 33
6. 웰빙 아침식사 숭늉 · 누룽지 강추 …………………… 37
7. 네덜란드 농산물수출 세계3위 비결 '천적농법' ……… 40
8. '녹색열풍' 비결은 자연자원 특화 …………………… 44
9. 자연이 선물한 속도 · 마음의 풍요 …………………… 47
10. 제철 과일 값싸고 환경파괴도 막아 ………………… 51
11. 친환경 먹을거리로 부가가치 창출 …………………… 55
12. 베푸는 농심 산타의 선물과 같아 …………………… 59
13. 농촌 환경의 속성 · 감성적 인식 활용하자 ………… 63
14. 농촌의 자생식물도 자원이다 ………………………… 66
15. 농산어촌의 매력은 경제적 · 심리적 자산 ………… 70
16. 사람과 신, 사람과 자연이 하나로 화합 …………… 74
17. 농촌은 순환의 지혜를 배우는 본향 ………………… 78
18. 오감을 살린 테마 개발로 마을에 활력 …………… 84
19. 햇살 좋은 춘삼월축제를 맛보자 …………………… 89
20. 농촌 블루오션 캐는 전통고추장마을 ……………… 93
21. 봄나물로 지친 몸과 마음에 활력을 주자 ………… 98
22. 아파트 베란다에 들꽃정원을 ……………………… 102
23. 생명천국의 파티가 열리는 곳 ……………………… 106
24. 도농교류의 체험터로 각광 ………………………… 112

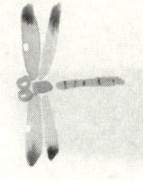

2장 촌아! 날개를 달아봐 / 117

1. 주말농장 · 1사1촌 운동 '녹색의 부활' ················· 119

2. 펄떡이는 물고기처럼 활기찬 농촌을 ················· 122

3. '농촌 디지털명예혁명' 유비쿼터스 세상 연다 ········· 126

4. 친환경 농업 · 소농 '블루오션' 찾아라! ················· 129

5. '농업부활의 희망' 흙 속에 있다 ····················· 133

6. 수입태풍 '정보화지킴이'로 거뜬 ····················· 137

7. 농촌학교 바로 세워야 농업이 산다 ················· 141

8. 김치 품질 · 맛 '업' 세계화 발돋움 ················· 144

9. 불고기 · 갈비도 '한류열풍' 불어라 ················· 148

10. 농촌 희망 찾기에 국민 모두가 나설 때 ··········· 151

11. 청국장, 지구촌 웰빙음식으로 만들자 ··········· 155

12. '서러운 설, 낯선 설' 되어서는 안 돼 ··········· 160

13. 직업으로써의 농업 ····························· 164

14. 사회성 평가제도 정착 노력 ····················· 168

15. 농업인재 육성을 위한 정책적 지원 확대를 ········· 172

16. 두레정신과 전통놀이 지속되길 ················· 176

17. 농산촌에서 진실을 찾고 지식을 구하자 ········· 180

18. 농촌에도 여풍을 기대한다. ····················· 185

3장 자연을 닮은 사람들이 부르는 밥노래 / 189

1. 정착 힘들었던 유럽 빵 비해 안정된 주식 제공 ·········· 191

2. '쌀은 우리의 생명' 일깨우는 '부부의 기도' ················ 195

3. "신토불이 밥맛·신선도 끝내줘요" ···························· 198

4. 친환경 보약 '오리쌀' 입맛 도네 ······························· 204

5. '건강 영양균형' 쌀밥만 한 게 있나요? ···················· 208

6. 아침밥 챙겨 먹는 건강 미인이 최고 ························· 212

7. 쌀 농업 자생력은 식량안보와 직결 ························· 216

8. 친환경 쌀 생산 인프라 구축으로 개방파고 넘자 ··········· 220

9. '잠재된 농업인의 힘' 쌀 개방 극복 ························· 224

10. 세계 2위 쌀 수출국으로 부상 ······························ 228

4장 푸른 촌(村) 만들기 전략 / 233

1. 어린이 눈높이 맞춘 '농촌놀이터' 개발 ···················· 235

2. 농촌직불제·시범사업 도시 '자연의 노크' ················ 238

3. 농산품시장도 '귀족 마케팅시대' ···························· 242

4. 생명농업 '문화볼륨'을 높여라 ······························· 246

5. 저알코올 음주 '막걸리 전성시대' ··························· 251

6. 지역에 맞는 '농촌축제'로 경쟁력 높이자 ················· 255

7. 프랑스 "농민 없는 국가는 없다" ··························· 259

8. 농어촌 외국신부 문화적응교육 필요 ······················· 263

9. 초등교 교과서부터 '농촌현실' 바로 담자 ················· 266

10. 상해인의 근면성 본받자 ·································· 269

11. 도심베란다서도 야생화 볼 수 있기를 ····················· 273

12. 전통적 입맛 회귀운동도 과목으로 만들자 ················· 277

13. 올바른 농업관부터 세워야 ································· 281

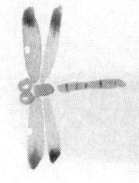

14. 인터넷 초고속망 설치 소외지역 없애자 ·················· 285

15. 농업생명공학 적극 육성해 농촌에 희망을 ·············· 289

16. 농촌리더 육성 시급 ··· 292

17. 브랜드파워, 지리적표시제로 ································· 296

18. 한국농업, 10년 로드맵 가동하자 ························· 300

19. '위기의 농촌 구하기' 국민 모두가 나서자 ·············· 305

20. 우리 농촌 '마파도'는 닮지 마라 ··························· 309

21. 농가소득 안전망대책 절실 ··································· 313

22. 농촌 활성화 위한 어메니티 정책의 확산 ················ 317

23. 영세고령농가 사회안전망 확충 급하다 ·················· 321

24. 허용보조, 지역농업실정 반영에 초점 둬야 ············· 325

25. 8기리로 농촌을 살리자 ······································· 328

26. 우리 농업 유지·발전대책 선행돼야 ····················· 332

27. 지역실정에 맞는 작목과 테마 개발 중요 ················ 338

28. 고령친화산업으로 경쟁력 높여야 ························· 343

29. 어메니티의 경제 자원화로 부농의 꿈 실현 ············· 346

30. 적절한 시점의 신시장 개척 위한 2등 전략 긴요 ······· 350

31. 농업도 꼭짓점 콘텐츠에 달렸다 ··························· 355

32. 노는 토요일, 부자 아빠가 되는 날로 ···················· 359

33. 경쟁력 있는 농촌관광전략 필요 ··························· 364

34. 이제 컴퓨터는 농기구다 ······································ 367

35. 농가도 대체에너지 준비 서둘러야 ······················· 371

36. 농촌은 이순신의 리더십을 원한다 ······················· 375

37. 농촌사회에 대한 책임과 친환경 ··························· 378

38. 농업적 접근과 같은 로드맵 필요 ························· 382

1장: 초원의 유혹

친환경 농촌 디자인

근대사상을 싹틔운 르네상스의 본래 뜻은 '복원'이다. 이 말 속에는 잃어버린 옛 문화를 오늘에 되살린다는 속뜻이 숨어 있다. 전통문화의 복원을 토대로 자연과 인간을 재발견하게 된 사건으로 정의하는 것이 옳을 듯싶다.

때맞춰 농촌사랑운동이 범국민적으로 확산되고 있다. 이는 도시생활로 인해 빈사상태에 있는 자연과 인간 기능을 다시 복원해 보자는 뜻에서 중세 유럽의 르네상스 의미와 일맥상통한다.

과거에 농촌은 도시의 가치를 지향하며, 생활환경을 개선해 왔지만, 그 환경이 산업사회의 먹이사슬 속에 농촌을 감금해 버렸다. 그리하여 도시는 자연과 인간의 기능을 거칠게 다룸으로써 성장해 왔다고 해도 무리는 아니다.

현대로 들어와서 도시그룹은 농촌그룹에 대해 각양각색의 처방상품을 요구하고 있다. 이에 농촌은 스스로 처방약을 마련하여야 한다. 그렇다면 무엇이 처방약인가. 바로 농촌 디자인이다.

이를 증명하듯 최근 친환경 디자인 바람이 불고 있다. 2005울진 세계친환경 농업엑스포 축제가 바로 그것이다. 다양한 농업문화 전시와 함께 공연, 체험, 학술, 테마 상품개발 등 각종 행사가 고품질 친환경 농산물 생산에 초점이 맞춰져 있다.

이는 유사 이래 '친환경 디자인'이 도시의 확대와 농촌의 회복 사이에 중간다리 역할을 톡톡히 해냈다는 점에서 큰 가치를 부여할 수 있다. 앞으로 친환경 디자인은 농촌의 희망이자 얼굴이다. 농촌의 생명자원이기도 하다.

2005 울진 세계친환경 농업 엑스포 행사 포스터

따라서 농업인 스스로 희소성의 가치를 살린 농촌의 매력에 대해 서둘러 준비해야 한다. 그러기 위해서는 자연과 식물을 예술로 승화시킬 수 있는 친환경 디자인의 설계가 무엇보다도 중요하다.

성공적인 설계가 끝나는 날 목청껏 외쳐 보자. "우리 농촌은 세상에서 가장 아름답고 더할 수 없이 위대한 낙원이다. 이곳은 한국의 농업인들의 위대한 지혜와 창의력, 강인한 의지가 만든 놀라운 곳이다. 이곳은 열정과 감성, 오감의 연결 장이다."라고.

그리하여 도시민들이 세상의 시끄러운 풍파에서 벗어나, 맑고 밝은 꿈이 피어나는 고요와 사색의 농원으로 들어올 수 있도록 문 열고 기다리자.

그리고 그들을 위해 자연의 짝꿍들이 모인 농촌을 '자원의 곳간'으로 활용해 보자. 농촌은 우리 세대는 물론 후손들의 생존을 위한 담보물이다. 또한 농촌은 농업인들만의 것이 아니라, 우리 국민 모두의 공적 자산이다.

그런 의미에서 친환경 디자인은 바로 농촌르네상스의 구축작업이다. 당장 농어촌에 버려진 갯벌, 버려진 황토 땅, 버려진 섬들, 버려진 원두막들을 모두 상품으로 디자인할 수 있는 대책을 강구해 보자.

(2005. 8)

『상록수』에 담긴
'이타적인 협동' 교훈

한여름 햇살도 각자 고향으로 돌아가 버린 모양이다. 창가에 가을 전초병들이 지키고 있는 걸 보면 여름을 논하기가 머쓱해진다. 저만치 멀어져 가는 여름의 뒷그림자를 보고 있노라니 오색 밀어(密語)를 수놓았던 어릴 적 농촌풍경이 되살아난다.

가을단풍

얼마 전 4호선 전철을 타고 안산 단원전시관에 가는 길에 상록수역이 보였다. 단원 김홍도 또한 이곳 사람이지만 일제시대 여성 농촌계몽운동가 최용신이 활동한 곳이기도 하다. 즉 심훈의 소설 『상록수』에 나오는 청석골이 지금의 안산시 샘골이다.

농촌에도 한때 가을 햇살처럼 푸르던 날이 있었다. 바로 『상록수』의 사랑이 살아 있던 시절 말이다. 가을바람에 마음이 끌려 상록수역에 내리고 말았다. 갈바람 속 사랑이야기가 여기에 있었다. 소설 속에 보았던 상록수 풍경 대신 저녁 땅거미가 살며시 밀려오고 있었다.

도시화를 겪은 여느 지역과 마찬가지로 농사짓고 고기 잡던 예전 모습은 찾기 어렵다. 특히 시화방조제 완공으로 바다가 막히면서 갯벌에서 바지락과 굴을 캐던 내수면 쪽 어업은 완전히 사라졌고 유명하던 사리포구도 없어졌다. 지금 어촌 풍경이 남은 곳은 먼 바다에 면한 쪽뿐이다.

상록수역을 떠나는 전철소리가 여름을 떠나보내는 진혼곡처럼 들려온다. 농촌계몽운동가였던 영신과 동혁이 활약했던 청석골과 한석리가 눈에 아른거린다. 가을이면 왜 사람들이 상록수를 찾는지, 지금부터 한 잔의 따뜻한 커피와 함께 상록수 사랑 속으로 빠져 보자.

거친 평야에 솔잎 되리라

......일본에서 유학중이던 영신은 몸이 좋지 않아 다시 귀국했고 또 다시 무리한 활동으로 쓰러져 결국 죽음에 이르게 된다. 가슴속에 슬픔이 가득했다. 이렇게 노력하는 사람이 죽는다는 것이 이해가 되지 않았다. 동혁은 급히 오긴 했지만

영신이 죽은 뒤에 와서 마지막으로 남긴 말만 듣게 된다. 동혁은 슬픔을 가슴에 묻고, 영신을 위해서 더욱더 농촌계몽운동에 힘쓰게 된다. (심훈의 『상록수』 중에서)

이 이야기 속에 영신이라는 인물이 나온다. 영신은 아주 의지적인 여성이고 여성계몽 운동가의 전형적인 인물이다. 또 영신과 사랑하는 사이였던 동혁이라는 사람도 농촌계몽운동가의 한 사람이다.

영신은 밖의 아이들 위해 칠판을 유리창에 옮겨

영신이 청석골에서 아이들을 가르치는 대목은 감명 깊은 장면이다. 일본 상부에서 영신에게 아이들을 80명 정원을 넘기지 못하도록 명령했을 때이다. 당시 배우고 있었던 아이들은 130여 명이 넘었다고 한다. 영신은 마음이 아팠지만 어쩔 수 없이 아이들을 밖으로 내보냈는데, 아이들은 나뭇가시를 타고 올라가 유리창 밖에서 수업을 듣는 것이 아닌가. 영신은 칠판을 떼어 내어 유리창 쪽으로 옮겨 놓고 수업을 했다. 아이들이 얼마나 진심으로 배우고자 열망했는가를 짐작할 수 있는 대목이다.

일제의 압박과 설움 속에서 여러 사람들을 공감하게 만들었던 심훈의 『상록수』는 지금도 인기 있는 도서이다. 상록수사랑을 회상하면서 오늘을 생각해 본다.

요즘 사회에는 웰빙(Well-being)이 자리하고 있다. 물론 잘 먹고 잘 자고 그래서 행복하게 잘살자는 풍조일 것이다. 하지만 웰빙 속 내부를 들여다 보면, 내 한 몸 잘 먹고 잘살기 위한 이기적인 라이프스타일이 강하다. 특히 소득규모에 따른 소비양극화와 핵가족 혹은 나 홀로 세대의 증가로 현대사회는 오로지 개인의 편의성만을 추구하고 있다.

협동이 이기주의에 밀려서는 안 된다

대신 다른 사람과의 '협동'은 뒷전이다. 문제는 '협동'이야말로 국가발전의 동력이라는 데 있다. 국가발전의 동력을 결정하는 협동이 이기주의에 밀려서는 안 된다는 것이 내 생각이다.

'이기적인 웰빙'에서 '이타적인 협동'으로 바통이 교체돼야 한다. 오늘의 농촌이 있기까지는 『상록수』의 아픔이 있었다. 아픈 만큼 성숙해진다고 했던가. 이 시점에서 영신과 동혁이라는 사람이 존재한다면 이들은 오늘의 현실을 바라보면서 어떤 일을 하게 될까. 어쩌면 이것이 이제 우리에게 남겨진 과제인지도 모를 일이다.

그런 의미에서 『상록수』 저자 심훈이 '옥중에서 어머님께 올리는 글월' 중 한 대목을 소개하고자 한다.

어머니!

어머니께서는 조금도 저를 위하여 근심하지 마십시오. 지금 조선에는 우리 어머니 같으신 어머니가 몇천 분이요. 또 몇만 분이 계시지 않습니까? 그리고 어머니께서도 이 땅의 이슬을 받고 자라나신 공로 많고 소중한 따님의 한 분이시고, 저는 어머니보다도 더 크신 어머니를 위하여 한 몸을 바치려는 영광스러운 이 땅의 사나이외다.

콩밥을 먹는다고 끼니마다 눈물겨워하지도 마십시오. 어머니께서 마당에서 절구에 메주를 찧으실 때면 그 곁에서 한 주먹씩 주워 먹고 배탈이 나던, 그렇게도 삶은 콩을 좋아하던 제가 아닙니까? 한 알만 마루 위에 떨어져도 흘금흘금 쳐다보고 다른 사람이 먹을세라 주워 먹기가 한 버릇이 되었습니다.(옥중에서 심훈이 어머님께 올리는 글)

오늘도 상록수마을에는 영신과 동혁의 아름다운 농촌사랑이 수채화처럼 채색되어 가을비와 함께 농촌 들녘을 촉촉이 적시고 있다.

(2005. 9)

이젠 눈으로 먹는 농산물 시대

요즘처럼 먹거리의 안정성을 강조한 때도 일찍이 없었던 것 같다.

친환경농법에다 유기농재배, 무공해식품 등 소비자를 사로잡기 위한 농가들의 노력은 밤낮없이 계속되고 있다.

하지만 밥을 먹지 않겠다고 투정부리는 아이들, 포크는 잘 잡는데 젓가락질은 못하는 아이들, 수저 대신 포크와 나이프에 익숙해진 이 시대의 아이들에게 강제로 쌀밥을 먹게 할 수는 없는 일이다. 우리 쌀과 과일이 세계 속에 농산물로 자리 잡고 있지만 아이들은 갈수록 인스턴트식품에 익숙해져 가고 있다.

일곱 색깔 무지개

이처럼 우리 농산물은 분명 우리에게 가장 가깝게 있으면서도 가까이 하기엔 너무 먼 당신이 되어 버렸다. 오늘의 아이들에게 어떤 입맛을 찾아 주어야 될까? 걱정이다. 당장 아이들의 입맛을 자극하는 색깔을 찾아 일곱 색깔 무지개 속으로 들어가 보자.

무지개의 아름다운 빛깔과 가정의 아늑함, 이런 것들을 아이에게 어떻게 설명하고 느끼게 할 수 있을까? 일일이 색깔을 열거하며 보여 줄 필요가 없다. 단지 귀여운 아기오리 뚱이를 따라가기만 하면 된다. 아기오리 뚱이는 비가 올 것 같자 서둘러 집으로 돌아간다. 뚱이는 집으로 가는 길에 여러 곳을 지나게 되는데, 지나는 곳마다 밝고 화려한 색채가 펼쳐진다. 꽃밭을 지날 때는 강렬한 빨간색이, 다음 장을 넘기면 빨간색의 화려한 잔상이 채 사라지기도 전에 밝고 배경이 되고 예쁜 주황색이 채워진다. 옥수수 밭에 이르렀을 때에는 화면 가득한 노란색이 눈부실 정도이다.

한 가지 색깔에 깊이 빠지기도 전에 새로운 느낌과 새로운 자극의 색깔이 나타나고, 여기에 귀여운 뚱이의 앙증맞은 움직임은 집중력이 높지 않은 아이들의 시선을 붙잡고 놓아주지 않는다. 집에 막 도착하자마자 비가 내리지만, 아늑하고 편안한 집에서 여유 있게 비를 피하는 뚱이. 아이들은 뚱이의 모습을 보며 안도감을 느낄 것이다. 그리고 마지막 장을 넘길 때는 자기도 모르게 탄성을 지를 것이 분명하다. 어느새 비가 그치고 아름다운 일곱 색깔 무지개가 하늘 높이 떠올랐기 때문이다. 펼치면 무지개가 되고, 접으면 부채꼴이 되는 재미있는 책의 모양도 아이들의 호기심을 불러일으키기에 충분하다. 아이들은 그림과 글에 시선을 빼앗기고 있다가 각 장면의 색깔들이 모여서 슬그머니 무지개로 떠오를 때, 경이로운 색채

추석맞이 무지개떡

의 어울림을 느끼게 될 것이다.(『아기오리 뚱이의 일곱 색깔 무지개』
중에서)

이제는 우리 농산물도 칼라 치즈를 찾아 나서야 한다. 예컨대 다양한
색깔로 아이들에게 다가서자는 이야기다. 무지개 색으로 식단을 꾸미자는
것. 과일·채소는 색깔마다 성격이 다르기 때문에 여러 가지 색깔을 섞어
서 먹는 것이 영양학상으로 좋다는 것이다. 한때 검정콩, 검정깨, 검정
쌀 같은 블랙 푸드 열풍이 일었을 정도로 칼라 푸드가 몸에 좋다는 것은
새로운 이야기가 아니다.

그런 의미에서 새로운 칼라치즈를 찾아 나선 주인공들을 만나 보자.

생쥐와 꼬마인간은 치즈를 찾아 헤매다 결국은 창고에 가득한 향내
나는 치즈를 발견한다. 그리고 한없이 만족하며 마냥 행복하게 치즈
를 즐긴다. 그러면서 생쥐는 치즈가 언젠가는 없어질 거라는 예측을
한나. 그러니 꼬마인간은 치즈는 언제까지 그곳에 있을 거라고 생각
하면서 치즈가 사라질 것이라고는 상상도 하지 못한다.

그러나 어느 날 갑자기 치즈가 사라진다. 변화를 예측한 생쥐는 즉
시 신발 끈을 질끈 동여매고 치즈를 찾아 나서고 결국은 새 창고에서
더 맛있는 치즈를 발견한다. 반면 꼬마인간
은 누가 내 치즈를 옮겼을까 하면서 시뻘게
진 얼굴로 화만 내고 어찌할 바를 모른다.
그리고 치즈가 없어졌다는 사실조차도 인정
하지 않으려 한다. 애써 변화를 받아들이려
고 하지 않는다.('누가 내 치즈를 옮겼을까'
중에서)

시대는 변하여 농산물도 소비자 맞춤시대
의 대열에 끼어들었고, 심지어 리콜제까지
등장하고 있다. 마음에 들지 않으면 값을 청

『누가 내 치즈를
옮겼을까』

구하지 않는다는 이색적인 농산물 홈쇼핑은 시대의 변화를 잘 대변해 주고 있다. 그만큼 세상은 변하고 있다.

농촌은 이제 농사만 짓는 곳이 아니다. 농업의 경쟁력, 이제 새로운 치즈를 찾아나서야 할 때다. 무지개색깔 치즈를 모두 찾는 날 아이들은 분명 제 입맛을 찾아 돌아올 것이다. 따라서 맛과 영양 못지않게 눈으로 먹는 농산물도 필요한 때이다.

(2005. 9)

농촌·도시 만나는 '자연의 섬' 만들자

　어린 시절 선생님께서 귀뚜라미를 잡아 오라는 숙제가 있었다. 우리는 대부분 꼽등이라는 생물을 잡아 오곤 했다. 꼽등이란 바퀴벌레보다도 생명력이 훨씬 강한 일명 죽지 않는 벌레로 알려져 있으며, 귀뚜라미와 꼭 닮았다.

　광복절이라고 태극기를 달고 있던 날, 우연히 베란다에서 귀뚜라미 울음소리를 듣게 되었다. 울음소리를 따라 가까이 가보니 녀석은 갑자기 소리를 멈추고 죽은 척하고 있었다. 몸 빛깔은 진한 흑갈색으로 앞가슴에 노란색 점무늬가 복잡하게 나 있는 걸로 보아 분명 귀뚜라미다. 선생님의 숙제가 없었더라면 지금도 귀뚜라미인지 꼽등인지 분간할 수 없었을 것이다.

　보통 인가 주위에서 살며 초원이나 정원의 돌 밑에서 볼 수 있는 귀뚜라미가 어떻게 13층 아파트 베란다에서 살고 있을까. 지금까지도 수수께끼다.

　잡아서 밖으로 보내 줄까 하다가 그냥 같이 살기로 했다. 녀석과 나는 베란다와 거실을 오가며 서로 마주쳤지만, 침묵 속의 경계선을 그어 놓은지라 서로 모르는 척하며 초가을을 같이 보내고 있다.

새벽까지 귀뚜라미 자연 멜로디 연주에 푹

태풍 '나비'가 오던 날, 녀석은 거실로 슬금슬금 들어오고 있지 않은가. 행동도 둔하고 힘이 없어 보이지만, 새벽까지 자연의 멜로디를 연주해 주는 귀뚜라미가 왠지 좋다.

사람들 사이에는 섬이 있는데 그 섬에 가고 싶다는 말이 있다. 남녀가 사랑으로 가정이라는 섬을, 친구 사이에 우정으로 모임이라는 섬을, 직장인들이 협동으로 회사라는 섬을 만들었듯이 행복을 만들어 가는 과정은 결국 사람들 속에서만 가능하다고 생각했었는데.......

하지만 나와 귀뚜라미 사이에는 무언의 경계로 보이지 않는 섬이 만들어지고 있다. 결국 침묵 속의 경계선을 무너뜨릴 수 있는 방법은 자연으로 되돌려 보내는 일이다.

현대를 가리켜 3M 시대라고 한다. Mass(대량), Machine(기계), Money(돈)의 흐름이 21세기를 주름잡고 있다. 자신의 이익추구와 편리만을 쫓는 인류문명의 발달은 국가는 물론 집단사회, 개인에 이르기까지 철저한 정글법칙에 따라 끝없는 경쟁을 부추기고 있다.

농촌 환경 산업사회 먹이사슬 속에 갇혀

그렇다면 한국농촌은 어떠한가? 다시 말해 잘 먹고 잘살 수 있는 곳인가? 경제적 논리로 보면 분명 위기다. 예컨대 과거에 농촌은 도시의 가치를 지향하며 농촌 환경을 개선해 왔지만, 그 환경이 산업사회의 먹이사슬 속에 갇혀 버렸다. 그리하여 도시는 자연을 파괴함으로써 성장해 왔다고 해도 과언은 아니다.

하지만 우리 농촌은 무한한 가능성이 있다. 농촌의 아름다운 섬이 있는 한 그 자체만으로도 훌륭한 의료원이다. 앞으로 도시는 농촌에 대해 각양각색의 섬을 요구할 것이다.

이에 농촌은 도시사람들이 꼭 가고 싶어 하는 섬을 만들어야 한다. 그렇다면 그 섬은 어떤 곳인가. 바로 도시와 농촌을 연결하는 환상의 섬, 예컨대 달빛 아래 서면 숨 막힐 듯한 메밀꽃밭 같은 곳이다.

소설 속 메밀꽃밭 여행

　메밀꽃은 가을의 상징이다. 추석이 가까워지면 소금밭 같은 하얀 메밀꽃이 지천으로 피어나 장관을 이룬다. 그리고 작은 꽃송이로 뒤덮인 메밀밭을 보노라면 자연미에 의지하여 서러운 삶을 위로받고 싶은 심정이 생긴다. 무엇보다도 이효석 생가와 문화마을 주변에 드넓게 조성된 메밀꽃밭은 여행객들을 유혹하고도 남을 만한 마력을 지니고 있다.

　진정 메밀꽃 필 무렵의 자연은 도시와 농촌을 연결하는 아름다운 섬, 누구나 꼭 가보고 싶은 섬이다. 곧 농촌의 대표적인 문화적 가치이다.

메밀꽃 사연에 담긴 농촌문화

사람들은 흔히 자연을 어머니에 비유한다. 그래서 힘이 들 때면 자연을 찾아 떠난다. 맑은 공기를 마시고 아름다운 경관을 보면서 지친 몸과 마음을 회복한다. 이처럼 도시와 농촌이 만나는 자연의 섬은 또 다른 부가가치를 창조한다. 메밀꽃 하나하나에 얽힌 사연들은 농촌의 문화를 듬뿍 담고 있다.

흙으로 빚는 농촌문화체험

갑자기 이런 말이 떠오른다. 꽃을 좋아하는 사람은 아름다운 꽃을 보면, 꽃을 꺾어 오지만, 꽃을 사랑하는 사람은 못다 핀 꽃들을 활짝 피우기 위해 꽃나무에 물을 준다고 한다.

나는 진정 자연의 섬 농촌을 사랑하는지, 아니면 좋아할 뿐인지 자신이 없다. 일단 귀뚜라미와의 사이에 침묵의 경계선을 무너뜨리고 녀석을 자연의 섬으로 보내야겠다.

(2005. 9)

풀벌레·개울물 소리에 귀 기울여 보세요

고향마을이 보인다. 억눌렸던 마음은 고향 풀벌레의 화음만으로도 술술 풀리는 실타래처럼 가볍기만 하다. 숲과 농원을 껴안은 고향마을엔 잠시 잃어버렸던 농촌의 향수를 다시 피어오르게 하고 있다.

오랜만에 무공해 새소리가 들려온다. 멈춰 서 있던 하얀 구름도 움직이기 시작하고, 텅 빈 도로는 고향행렬에 나선 승용차들 소리에 정적이 깨어지고, 검푸른 풀벌레들이 소스라치게 놀라고 있다.

가을의 소리

보이지 않는 어떤 힘이 귀성객들의 마음을 출렁이게 하고 있다. 텅 비었던 고향마을엔 모두들 제자리를 찾느라 분주하기 그지없다. 모처럼 고향마을에 오케스트라가 연주되고 있다. 풀벌레 소리, 가을 새소리, 승용차의 경적소리, 진정 그 추억과 세월을 지켜준 내 고향 품속은 포근하기만 하다.

소리는 사람들의 일상생활과 깊은 관련이 있다. 아름다운 소리든 시끄러운 소음이든, 우리의 귀는 항상 소리를 들어야만 한다. 스치는 바람결소리, 계곡에서 흘러내리는 개울물소리, 새가 노래하는 소리, 파도소리, 풀벌레 소리 같은 자연의 소리를 들을 수 있다.

교통·기계 등 끊임없는 소음 귀 괴롭혀

반면 오늘날에는 소리라기보다는 소음이라고 표현하는 것이 더 적당할 듯하다. 예컨대 아름다운 소리풍경과는 점점 멀어져 가고 있다. 온갖 교통소음, 기계소음들과 여러 가지 매체를 통한 소리들은 우리가 원하든 원하지 않든 끊임없이 우리의 귀를 괴롭히고 있다.

급기야 이명이란 귀 울음 증상을 호소하는 환자가 늘어나고 있다. 이명이란 외부에 음원(音源)이 없는데도 소리가 들리는 증상이다. 환자의 신체내부에서 본인에게만 들리는 소리이므로 혼자만의 괴로움을 표현할 길이 없다.

실제로 이명환자들이 호소하는 이명은 귀뚜라미, 매미소리 등의 풀벌레 소리와 금속성 기계음 그리고 바람소리나 물소리 등으로 다양하다. 이명이 오래 지속되면 청력장애가 나타나기도 하고, 머리가 울리는 두명증(頭鳴症)으로 발전하는 경우도 있으며, 환청을 호소하기도 한다.

그나마 도심 속 공원 숲에는 여름과 초가을에 목숨을 구가하는 매미와 귀뚜라미들의 소리에 잠시나마 그 소음의 괴로움을 덜 수 있지만, 골목길이나 아파트에서 아침저녁 필요 이상으로 울려대는 자동차 경적과 집안의 온갖 기계음들은 우리 시대의 불행한 소리풍경의 하나이다.

가을 하늘

  이처럼 소리는 우리의 감각을 지배하고 있다. 소리가 담기지 않은 추억의 풍경은 세월이 지나면 바래 버리지만, 자연의 소리가 담긴 풍경은 누구나 쉽게 잊을 수가 없다.

  그래서 사람들은 고향의 추억을 지울 수 없고, 개울물 소리에도 눈물 흘리고, 가을밤 귀뚜라미 소리에 감격하는가 보다. 때문에 소리 풍경은 삶의 질에서 가장 중요한 요소이다.

자연의 소리 마음 안정·불안감 해소 큰 도움

자연의 소리는 확실히 마음을 부드럽게 하고, 불안에서 해방시키며, 또 마음의 균형을 유지하는 데 도움을 주는 힘이 있다. 누구나 소리를 통해 감동을 받게 된 경험이 있을게다. 우연히 듣게 된 소리가 추억을 상기시키는 일도 있으며, 마음이 울적할 때 구슬픈 풀벌레 소리를 듣고 소주 한잔 기울이고 나면 왠지 시원해지는 느낌을 받는다.

물론 사람의 마음을 움직이는 힘은 여러 가지가 있다. 그러나 독서나 서예처럼 생각을 해서 마음이 움직이는 것이 아니라, 저절로 마음을 움직이게 하는 힘은 자연의 소리에 있다. 따라서 자연의 소리는 우리가 살아가는 데 생활의 원동력이 되는 것이다.

올 가을에도 농촌 자연의 무공해 소리를 많이 들어 보자.

(2005. 9)

웰빙 아침식사 숭늉 · 누룽지 강추

내가 어릴 적 어머니는 이십 리가 넘는 시내 오거리까지 나무를 팔러 다니셨다. 학교에서 돌아와 보면, 대청마루에 누룽지가 놓여 있었다. 허기진 배를 누룽지로 채우고 나면 금세 힘이 솟았다.

누룽지 · 숭늉 한국고유의 독특한 맛

어머니는 밥을 지을 때 일정분량의 물과 쌀을 가마솥에 넣고 끓이다가 여분의 물이 없어질 때까지 뜸을 충분히 들여 누룽지를 만드셨

누룽지

다. 또 누룽지를 빡빡 긁어모아 양푼에 넘치도록 담은 다음 밥솥 바닥에 눌어붙은 누룽지에 다시 물을 붓고 푹 끓여서 숭늉도 만드셨다. 이와 같은 누룽지와 숭늉은 다른 나라에서는 찾아볼 수 없는 한국고유의 독특한 맛이 일품이다.

무쇠 솥 밑에 장작불로 만들어진 누룽지라, 맛은 무척 고소하고 감칠맛이 난다. 특히 씹으면 씹을수록 고소한 맛이 어우러지는 독특한 맛

은 농촌사람들의 후덕한 정과 부드러운 문화를 대변해 준다. 아울러 누룽지로 튀긴 튀밥은 이웃과 훈훈한 정겨움까지 나눌 수 있는 기회를 만들어준다.

이처럼 누룽지 속에는 자식에 대한 어머니의 애틋한 사랑이 묻어 있고 이웃 간에 인정 넘치는 풍요로움이 자리하고 있다. 진정 내 어머니가 만들어 주신 누룽지는 힘겨울 때 힘이 되었고. 기쁨을 주었고, 세상을 보는 눈을 가르쳐 주었던 값을 매길 수 없는 귀중한 선물이었다.

요즘 웰빙형 모닝푸드 바람이 거세다. 맞벌이와 나 홀로세대의 증가로 아침식사를 대신하는 대용제품들이 다양하게 출시되고 있다. 그 중에서도 누룽지는 구수한 맛의 대명사로 자리 잡고 있다.

예컨대 누룽지 오리백숙, 누룽지 닭죽, 누룽지탕, 찬밥 누룽지, 계란 누룽지, 누룽지 튀김 등 다양한 추억의 누룽지 제품이 판매되고 있다.

시중 판매 전통식품 예전 맛 못 미쳐

또한 실과 바늘처럼 누룽지에는 숭늉을 빼놓을 수 없다. 어렸을 적엔 밥상에서 숟가락을 놓자마자 가족모두가 숭늉을 마셨다. 가을의 청취와 토속적이 향취, 어머니의 정성이 넘쳐나는 맛, 숭늉의 참 맛을 느낄 수 있는 것은 역시 검정 무쇠 솥에서 밥을 지어 만든 전통 숭늉이다. 이 숭늉의 매력을 살린 것이 요즈음 흔히 식당에서 등장한 돌솥 밥의 숭늉이다. 그러던 것이 언제부터인가 우리 전통숭늉이 보리차로 대체되었다.

코리안 커피 숭늉

또한 가정이든 식당이든 정수기가 식수를 대신하고 있다. 때문에 언제 어디서든 나의 입맛을 지켜 주던 시골의 누룽지와 숭늉 맛은 찾기가 힘들다. 풍요 속에 빈곤이라 할까? 그 구수한 맛에 각인된 미각은 좀처럼 바뀌질 않고, 시중에 나와 있는 전통식품도 예전의 숭늉 맛을 되찾기에는 역부족이다.

특히 식당에 가면 식사가 끝난 후에 후식으로 응당 커피를 권한다. 많은 사람들이 즐기는 커피는 기호식품으로 인정은 되지만, 이에 못지않게 우리 농촌의 전통적인 참맛을 내는 구수한 누룽지와 잊혀진 숭늉 맛이 재현되었으면 한다.

이제 햄버거 대신 누룽지를, 커피 대신 코리안 커피 숭늉을 권하자. 가마솥에서 만들어지는 누룽지와 숭늉은 가족전체의 간식과 음료를 제공한다. 또한 누룽지와 숭늉문화는 전통적인 공동체 문화와 부드럽게 살아가는 은근한 문화를 만들어냈다.

올 가을에는 누룽지와 숭늉의 예전 맛을 되살려 보라고 아내에게 채근해 보지만 겨우 흉내 내어 만들고 있다. 비록 예전의 맛은 나지 않지만, 그것을 만들고 있다는 자체만으로도 기분이 좋다.

(2005. 9)

네덜란드 농산물수출 세계3위 비결 '천적농법'

음양오행설에 관한 책을 읽다 보면 상생과 상극이란 단어가 자주 등장한다. 상생은 어느 분야든 긍정적으로 사용되는 말이지만, 상극은 서로 맞지 않는다는 말로 만나면 싸우는 관계를 말한다. 천적 또한 생물 상호간에 먹이사슬을 형성하는 상극관계라 할 수 있다.

그런데 이러한 상극(천적)관계를 이용한 농법이 선진국에서는 활기를 띠고 있다. 이른바 천적농법으로 친환경 농업을 재창조하고 있는 것이다. 예컨대 네덜란드의 경우 농산물 수출액에 있어 세계 3위에 등극되어 있다. 이러한 놀라운 기적은 눈에도 잘 띄지 않는 그 작은 천적의 활용 덕분이라 해도 과언이 아니다.

특히 네덜란드는 화학농약을 대체하는 해충방제 수단으로써 세계에서 가장 먼저 천적 테크로 생물학적 방제를 산업화하였다. 그리고 우리 농업을 지키는 소중한 자원으로서 천적을 활용하고 있다.

화학농약 미사용 안전한 농산물 신뢰

네덜란드는 이를 바탕으로 자국의 농산물이 전 세계 소비자로부터 화학농약을 사용하지 않은 안전한 농산물이라는 신뢰를 얻게 되었고, 이러한 소비자의 신뢰는 네덜란드 농산물에 대한 시장 점유율 증대로 이어지고 있다.

진딧물의 천적 무당벌레

우리나라 역시 네덜란드와 마찬가지로 곡물이 아닌 과채류와 화훼의 충분한 생산기반을 갖추고 있는 바, 이르면 내년 상반기에 '천적 연구개발 및 이용 촉진에 관한 법률(가칭)'이 제정될 전망이다. 1997년 농진청 시범사업으로 처음 도입된 국내 천적산업이 이제는 2배 이상의 성장을 거듭하고 있다.

그 결과 국내에서 생산된 7종의 천적 [국내 최대 천적기업-세실]이 아시아 최초로 캐나다에 수출된다. 이는 환경 친화적이며 해충방제가 탁월하다면 우리의 천적도 얼마든지 세계시장에 진출할 수 있다는 사실이 입증된 셈이다.

미래의 농업은 친환경 농업만이 살아남을 수 있다는 것은 농업인 모두 공감하고 있다. 그러나 친환경 농업에 대한 논란이 많은 것도 사실이다. 자연농업과 유기농업 등을 연계한 친환경 농업은 꾸준히 발전해 나가고 있으나 무농약 농산물 생산이 그리 쉽지만은 않다. 아울러 유기농산물에 대한 신뢰에 있어서 논쟁 또한 만만치 않다.

천적을 이용한 포도농사

여기에 천적농법의 의미가 있다. 하지만 신뢰가 가장 확실한 천적 농법에도 어려움은 있다. 예컨대 농약 값에 비해 경비는 몇 배 이상 지출이 되는 데 비하여 소비자나 상인은 천적농법에 대한 이해가 부족하다는 것이다.

앞으로 천적을 사용하여 무농약으로 생산된 농산물에 대한 소비자의 선호와 상인의 이해가 있어야만 천적농법으로 인한 친환경 농업이 정착되어 갈 수 있다. 또 모든 천적은 해충방제 수단이기 때문에 병해에 대한 기준이 설정되어야 한다.

즉 각종 병해에 사용되는 어떠한 약제들이 천적에 해가 되지 않는

지를 명확히 농가에게 알려줌으로써 안전하게 병해까지도 방제를 할 수 있어야 한다. 앞으로 친환경 농산물 생산을 위해서는 천적농법 도입은 필수라 여겨지며 이제는 친환경 생명농업의 비중이 더욱 커질 것이다.

　여기에 생산시설 증설지원 등 정부의 적극적인 지원이 뒷받침된다면 천적농법은 탄력이 붙을 것이다. 그리하여 천적 곤충을 산업화하는 생물적 방제사업의 실현으로 친환경 농업 신화창조에 한발 앞서게 될 것이다.

(2005. 10)

'녹색열풍' 비결은 자연자원 특화

지난 여름방학과 휴가철 동안에 농촌관광이 전국적으로 붐을 이루었다. 이와 같은 농촌관광열풍의 주역은 자연생태체험, 향기로운 농촌입맛 체험, 민속공예체험, 농사체험 등과 같은 농촌문화 상품들이다. 예컨대 이러한 농촌문화 상품들을 통해 도시아이들이 농촌의 전통정신과 만나게 된 것이다.

성공적인 녹색관광을 창출해 나가기 위해서는 끊임없는 차별화 전략을 통한 도농교류의 관계마케팅을 개발해 나가야 한다.

농촌관광 열풍은 우리 모두에게 반가운 일이다. 하지만 이 반가운 녹색열풍을 지켜보며 무엇인가 아직도 부족하다는 생각이 들었다. 그것은 바로 진정한 농촌다움에 대한 노력이다.

풍부한 지역 자연자원·이벤트 새 홍보전략 필요

자연생태체험이든 농사체험이든 농촌관광의 핵심은 지역의 풍부한 자연자원과 걸음을 멈추게 하는 이벤트, 그와 결합된 새로운 홍보전략이 무엇보다도 필요하다.

따라서 모처럼의 녹색열풍과 같은 좋은 기회를 농촌 활력화의 계기로 활용하고 나아가 농촌 자체가 당당한 관광상품으로 자리매김하도록 지혜를 모아야 한다.

우선 농촌관광 활성화는 도시인의 욕구를 알아차리는 일부터 시작되어야 한다. 도시인들이 바라는 풍부한 사연환경과 아름다운 경치, 그리고 역사적인 유산과 풍부한 향토문화는 마련되었는가? 그리고 그들이 원하는 농촌 문화, 이른바 전통적인 생활습관·전통예술·축제 등의 체험거리는 준비되어 있는가? 나아가 심신단련의 장소로서 농업을 체험하고 수확의 기쁨을 즐길 수 있는 훈훈한 인심은 갖추어졌는가?

가이드 인력·시설확충·인터넷도 구축

이제 우리 녹색 농촌체험마을 주민들은 새로운 농촌관광이란 대안을 모색하기에 앞서 바로 이 점부터 반성해 보아야 할 것이다.

특히 깨끗한 자연환경과 아름다운 경관을 상품으로 삼아 가이드 인력과 시설을 확충하고 특산품을 공급하고, 나아가 도시인 등에게 농촌을 소개하는 인터넷 시스템도 구축해 나가야 한다.

그리하여 한 번 왔던 도시인이 그 매력을 잊지 못하여 다시 찾는 녹색 농촌체험마을로 가꾸어야 한다. 실제로 이미 성공한 마을에서는 유휴농지를 활용하거나 특산물을 마을이벤트의 중심 테마로 구성하여 성공적인 녹색관광을 창출하고 있다.

앞으로 농촌관광시장에서 치열한 경쟁이 예상되며, 그 결과 앞서가는 마을과 뒤처지는 마을로 양분될 것이다. 진정한 농촌다움은 끊임없는 차별화 전략을 시도하고, 도농교류라는 관계 마케팅과 함께 고품질 농산물을 생산하는 한편 농촌다운 경관관리에 주력해야 한다. 이런 마을만이 결국 최후의 승자가 될 것이다.

(2005. 10)

자연이 선물한 속도 · 마음의 풍요

단풍이 곱게 든 산은 현대인의 눈과 마음을 동시에 빼앗음으로써 삶의 속도를 선택할 수 있게 한다.

불타는 단풍

시월 초순부터 설악산 대청봉을 서서히 물들인 단풍은 소청봉 · 화채

봉·마등령으로 빠르게 하산한 다음 지리산 자락을 만산홍엽으로 물들인 후 내장산으로 번져 온 산을 빨갛게 불태울 준비를 하고 있다.

특히 단풍든 산은 우리들에게 어떤 속도도 요구하지 않는다. 무엇하나 강요하는 일도 없다. 그곳에서는 시간이 빠르지도 또 더디게 흐르지도 않는다.

반면 요즘 도시문화는 갈수록 속도의 노예가 되어가고 있다. 예컨대 넓은 초원에서 가축을 돌보기 위해서는 속도전쟁을 치러야 하는 유목민들처럼 이제 스피드는 전투수단이 아니라 생업수단으로 체득되어 가고 있다.

그 결과 우주여행이 오늘날의 비행기 여행처럼 할 수 있게 될 날이 얼마 남지 않았고, 인간형 로봇이 사람을 대신해 힘든 일을 맡는 세상이 열리고 있다.

이것은 바로 놀라운 속도에 기반을 둔 사회가 도래한 것을 의미한다. 문제는 속도를 숭배할수록 인간소외가 깊어진다는 점이다. 신속함으로 인해 생활이 편리해졌으면 전보다 마음이 풍요로워져야 하는데 답답함을 호소하는 사람들이 더 늘어나고 있다.

근본적으로 세상의 빠른 속도가 인간의 풍요로운 마음의 척도를 빼앗아간 까닭일 것이다. 세상은 이미 스피드가 보장하는 속력의 단맛에 흠뻑 젖어버렸고, 누구라도 잠깐이나마 속도경쟁에서 일탈하면 낙오가 되는 사회가 되어 버렸다.

얘기단풍의 미소

하지만 방법은 있다. 늦가을 산을 찾아보자. 이것만이 인간성 회복의 첩경이 될 수 있다. 단풍은 그 속도가 제한해 온 마음의 풍요로움을 회복해 줄 수 있는 계기를 만들어 낼 것이다.

아무리 훌륭한 음악이라도 단풍이 불타는 소리에는 미치지는 못한다. 왜냐하면 음악은 불완전한 사람이 만들어 놓은 것이기 때문이다. 온갖 모순과 갈등으로 가득 차 있는 사람의 손으로 이루어 놓은 것이므로 단풍든 산처럼 우리 마음을 편하게 해 줄 수가 없다. 단풍이 불타는 소리는 그 자체가 생명을 지닌 것처럼 사람들의 마음과 완전한 조화를 이루고 있다.

애기단풍의 미소

또한 그 소리는 아주 작고 여리기 때문에 아무나 들을 수 없을 만큼 사소하지만, 가만히 귀를 기울여 보면 사람들의 마음 내면에 쩌렁쩌렁한 깨우침을 담고 있다.

가을 산속 단풍나무 아래 덥석 누워 있다 보면 바람 지나가는 소리가 사람들 지나가는 소리만큼이나 선명하게 들리고, 머리 위로 보이는 단풍나무 가지에는 빨갛게 불태우는 단풍잎 소리가 세속에 찌든 귀를 맑게 씻어 줄 것이다. 그리하여 자연이 선물한 속도와 마음의 풍요를 누릴 수 있을 것이다.

그리하여 속도는 자신이 선택하는 것임과 자신이 선택한 속도에 따라 세상이 달라질 수 있음을 깨닫게 될는지도 모른다. 따라서 이 가을, 마지막 단풍의 몸짓을 감상하면서 삶의 속도를 선택할 수 있는 기회를 만들어 보자.

(2005. 11)

제철 과일 값싸고 환경파괴도 막아

친환경농산물 발전의 한계

본래 친환경농산물은 1980년대 일부 농업단체에서 생산하여 극소수의 소비자와 직거래하며 시작했으나 일반 소비자의 신뢰를 얻지 못해 판매의 어려움을 겪던 중, 1992년 국립농산물품질관리원(당시 국립농산물검사소)에서 농산물품질인증제를 실시하면서 친환경 농업 발전의 전기를 맞이하였다.

1998년에는 농약 및 화학비료의 오·남용을 방지하고 가축사료첨가제의 적절한 사용 등으로 환경을 보전하기 위하여 친환경농산물 육성법을 제정, 친환경농산물표시 신고제를 추진했다.

그러나 생산 기술 등 검증되지 않은 농가의 무분별한 신고로 관리의 어려움이 있어 2003년부터 친환경농산물 신고제를 친환경농산물 인증제로 다시 전환, 생산방법과 사용자재 등에 따라 유기농산물, 전환기 유기농산물, 무농약농산물, 저농약농산물로 구분하여 인증을 하고 있다.

즉 유기농산물은 3년 이상 화학비료와 유기합성농약을 사용하지 않고 재배한 농산물을 말하며, 전환기유기농산물은 1년 이상 화학비료와 유기합성농약을 일체 사용하지 않고 재배한 농산물이다.

친환경농산물 인증

무농약농산물은 유기합성농약을 일체 사용하지 않는 대신 화학비료는 가급적 권장소비량의 3분의 1 이하 사용하여 재배한 농산물을 말하며 토양재배와 양액재배가 있다. 양액재배는 작물이 필요로 하는 영양소를 물에 희석하여 그물에서 작물을 재배한다.

저농약농산물은 화학비료는 가급적 권장시비량의 절반 이내로 사용하고 유기합성농약 살포 횟수는 농약안전사용기준의 절반 이하, 사용 시기는 안전사용기준 시기의 2배수를 적용하되, 제초제는 사용하지 않고 재배한 농산물로 잔류농약허용기준은 식품의약품안전청장이 고시한 농산물의 농약잔류허용기준의 2분의 1 이하이다.

이런 친환경농산물이 이슈가 된 이유는 덩치가 큰 서구의 대농(大農)과 경쟁하기 위해서다. 이에 정부는 한국농업의 핵심역량(Core Competence)을 친환경 농업으로 보고, 그 강점에 걸맞은 성공공식을 찾아서 다양한 장치를 마련하고 이에 따른 선택과 집중을 하고 있다.

하지만 일반 농산물에 비해 값이 비싼 친환경 농산물을 소비할 수 있는 국내 시장의 한계점이 문제다. 예컨대 웰빙 바람을 타고 재배면적과 생산량이 점차 늘고는 있지만 상대적으로 비싼 가격으로 소비를 호소할 수 있는 소비층의 한계로 친환경 물량의 무제한 확대는 어렵기 마련이다.

시설농업 연료사용이 온난화 초래

따라서 이제는 친환경 농업의 정체성(正體性)에 대한 인식이 한 단

계 올라서야 한다. 왜냐 하면 온실가스의 80% 이상이 에너지 사용에
의해 배출되기 때문이다.

소비자도 제철 농산물을 찾아야 한다. 예컨대 제철 과채류나 이른
과채류나 주로 먹는 기간은 두어 달로 비슷하다. 먼저 먹는다는 것만
다를 뿐이다. 또 다른 점은 제철이 아니라서 더 비싸진다는 사실, 그
비싼 가격이 만들어지도록 키우는 데 돈이 더 든다는 사실뿐이다. 결
국 연료로 키우는 이른 과채류는 환경을 파괴하고, 나아가 기후변화
에 일조한다는 사실이다.

우리나라 외환위기 당시 약 97조 원이라는 엄청난 재산손실을 가져
온 엘니뇨가 언제 다시 올지 모른다. 특히 지난 2월에 기후변화협약
이 발효되면서, 세계 9위의 이산화탄소 배출국인 우리나라로서는 어
떠한 형태로든 여기에 동참해야 되는 사항이다.

농업부문도 예외는 아니다. 특히 약 33%의 비중을 차지하는 원예
산업은 큰 영향을 받을 것으로 생각된다. 시설원예의 경우 생산비의
30~40%를 냉난방비가 점유하기 때문이다. 또한 경종(耕種) 분야의
인력이 원예산업 쪽으로 이동하고 있어 시설농업 또한 연료절감을 위
한 구조 전환을 할 수밖에 없다.

수도작 농가에도 영향을 줄 것으로 예상된다. 논에서 발생되는 메
탄가스, 아산화질소, 이산화탄소 등도 지구온난화에 영향을 미치기 때
문이다. 특히 논에서는 많은 양의 메탄가스가 배출되어 지구 전체 메
탄가스 배출량의 5~30%를 차지하는 것으로 알려져 있다.

또한 농경지에 사용되는 질소질 비료와 가축 분뇨 등에서 발생하는
아산화질소는 비록 대기 중 농도는 낮지만 지구온난화 잠재력은 이산
화탄소의 310배, 메탄의 21배나 된다. 따라서 시설농업에서도 이전과
같은 연료사용은 규제되어야 한다.

수도작의 경우 논에서의 물 관리, 재배 양식, 양분 관리, 특히 질소

비종에 따라 메탄가스와 아산화질소의 발생량은 달라지기 때문에 시
비 및 물 관리에 일대 변화가 필요하다. 물론 교토의정서에 미국이
불참해 이행 자체가 불투명하다는 주장도 있다. 하지만 우리나라처럼
수출 의존도가 높은 나라는 무역에 있어 이미 개별규제를 받고 있고,
앞으로 그 강도가 점차 높아질 것은 뻔한 사실이다.

때문에 강 건너 불구경하듯 있을 수만은 없다. 우리나라도 2013년
부터는 온실가스 감축 대상국에 포함될 가능성이 한층 크다.

따라서 이제부터라도 가스 발생량을 줄일 수 있는 방안과 더불어 정
확한 배출량을 알아낼 수 있는 시스템 개발이 필요하다. 또한 조림 등
탄소 흡수원 확충사업을 적극 추진하면서, 생물공학을 이용한 새로운
농축산 자원의 발굴 및 응용기술 개발에 박차를 가해야 한다. 온실가
스 감축문제는 선진국만의 문제가 아니다. 8년 후 우리의 문제다.

(2005. 12)

친환경 먹을거리로 부가가치 창출

도시에서 직장인들이 즐기는 코스는 이른바 '삼소방'(삼겹살＋소주＋노래방)이 제일이다. 하지만 농촌의 현실은 사뭇 다르다.

요즘 우리 농촌이 안고 있는 가장 심각한 문제는 농촌인구의 도시이주로 인한 인구감소와 고령화, 노동력 부족현상과 소득감소를 들 수 있다.

농지이용 면에서 보면 농경지 대부분이 단순한 식용작물 재배에 치우치고 있고 노동력 부족으로 인한 농지의 황폐화가 가속되고 있다.

또한 서구의 개인주의사상 파급확산과 사회여건 변화로 농촌의 훈훈한 인심이 점차 사라져 가고 있으며 전통적인 농경사회 속에 형성된 다양한 전통문화가 점차 잊혀져 가고 있다.

그리하여 우리 농촌의 활력을 되찾기 위한 방안을 고심한 끝에 찾아낸 대안이 '그린투어리즘'이다.

도·농간 교류 위한 체류형 여가활동 활발

그린투어리즘이란 농촌의 자연경관과 전통문화, 생활과 산업을 매개로 도시민과 농촌주민간의 교류형태로 추진되는 체류형 여가활동을 말한다.

아름다운 관광농촌 가꾸기

요즈음 관광산업의 패턴은 기존의 남성중심에서 여성위주로 옮겨가고 있고, 노령층 증가에 따른 실버관광, 교육열에 편승한 어린이체험학습 관광프로그램, 건강을 테마로 한 그린투어리즘이 각광을 받고 있다.

이러한 그린투어리즘을 통한 참여학습으로 도시와 농촌 간의 거리를 좁히고 농촌의 문화를 살펴볼 수 있으며, 아울러 농촌 경제에도 많은 도움을 줄 것으로 보인다.

농촌은 생명의 원리를 가까이서 체험할 수 있는 관광의 보물창고이다. 이에 농가는 농촌관광산업의 구성요소인 먹을거리, 살거리, 놀거리, 볼거리를 만들어 국내외 관광객을 맞을 수 있도록 눈높이를 맞추는 노력이 필요하다.

특히 요즘 도농교류 사업 확대 시행으로 농촌공간이 도시민의 쉼터로 부각되면서 안전한 친환경 먹을거리가 주목받고 있다. 이와 같은 맥락에서 먹을거리의 중요성에 대해 짚어 보고자 한다.

　일반적으로 서양음식의 중심이 프랑스 음식이라 한다면, 동양음식의 중심은 중국 음식을 꼽고 있다. 하지만 중국 음식은 탁월한 맛과 다양성에도 불구하고 프랑스 음식만큼 부가가치를 높이지 못하고 있다.

　프랑스 음식의 경우 오감(미각, 시각, 청각, 후각, 촉각)만족은 물론 디자인(심미성, 기능성, 양질성)까지 총동원하여 관광객의 입맛을 사로잡고 있다.

고유음식 오감과 결합시켜 경쟁력 향상

　하지만 중국 음식은 미각 위주의 접근 방식이기 때문에 세계인의 입맛을 대중적으로는 사로잡는 데 성공했을지는 모르지만 시각, 청각, 후각, 촉각의 부조화로 프랑스 음식과의 먹을거리 게임에서 패배하고 있다.

농촌 자체가 상품이다

따라서 우리 음식도 높은 부가가치를 가진 세계적 음식이 되려면 오감과 디자인이 조화를 이룬 음식이 개발되어야 한다. 여기에 우리 농촌 고유의 친환경 먹을거리가 동원된다면 가장 효과적으로 한국의 먹을거리 경쟁력을 향상시킬 수 있을 것이다.

이제 안전성과 함께 땅의 신령스런 기운이 깃든 농산물이 아니면 에스키모인에게 냉장고를 파는 거나 다를 바 없다. 선진국의 음식은 바야흐로 이미 오감과 친환경이 결합된 맞춤형 먹을거리로 가고 있다. 천혜의 농도(農道)라는 자부심만으로는 관광객을 발길을 붙잡을 수는 없다.

우리는 지금 농촌의 어려운 상황을 반전의 기회로 삼아야 한다. 남이 갖지 못한 우리만의 장점을 십분 활용할 기회로 만들어야 한다. 당장 먹을거리부터 경쟁력을 향상시켜 부가가치를 창출시켜야 한다.

(2005. 12)

베푸는 농심 산타의 선물과 같아

  인기드라마 <겨울연가>와 <대장금>이 각각 일본과 중국을 넘어 대만, 홍콩, 말레이시아, 베트남 등 아시아는 물론 유럽 대륙으로 열풍처럼 확산되고 있다.

  특히 일본은 <겨울연가>를 계기로 한국어 학습 붐이 다시 조성되고, 여행사마다 <겨울연가> 한국 여행상품을 마련해 판촉에 열을 올리고 있다. 겨울 속 순수한 사랑이야기와 아름다운 대한민국의 겨울 풍경을 유려한 연기로 담아낸 <겨울연가>는 일본 시청자들에게 눈물을 펑펑 쏟게 만들었다.

  요즘 도심 속엔 크리스마스를 앞두고 <겨울연가>와 산타클로스의 친근한 이미지를 살린 다양한 마케팅이 여기저기 눈에 띈다. 겨울 속 산타는 친근함을 떠올려 줄 뿐만 아니라 가족이나 친구들과 함께 보내는 즐겁고 행복한 순간의 대명사로 자리 잡고 있다.

  크리스마스이브 날에 빨간 옷에 흰 수염을 날리며, 검은 부츠를 신고 어린이들의 양말에 선물을 넣어 준다는 산타클로스는 올 겨울에도 어김없이 같은 차림으로 모습을 나타낼 것이다.

크리스마스 축제의 신 토르는 원래 농부들의 신

그레버(Grueber)에 의하면 크리스마스 축제의 신으로 알려진 토르(Thor)는 원래 농부들의 신이였다고 한다. 그는 나이든 자로서 묘사되었고, 쾌활하고 다정하며, 거구였고, 긴 백발을 가지고 있었다. 그의 색깔은 붉은 색이였고, 우르렁거리는 굉음의 천둥소리는 그의 마차가 굴러갈 때 생긴다고 전래되고 있다.

시골 농부의 마음은 눈처럼 순수해요

그는 신들 중에서 유일하게 두 마리의 하얀 염소들이 끄는 마차에 타고 얼음과 눈의 거인들과 싸웠으며, 나중에는 크리스마스 축제의 신이 되었다고 한다.

그는 명랑하고 다정한 신이였으며, 항상 인간들을 도와주고 보호해 주었다고 한다. 모든 가정의 벽난로는 특별히 그에게 바쳐진 것이었고, 그는 굴뚝을 통해 그의 요소인 불로 내려온다고 전해진다.

토르 신은 크리스마스이브에 그에게 바쳐진 제단이 있는 모든 가정을 어김없이 방문하여, 전날 밤 자기들의 나막신을 꺼내 놓은 착한 아이들에게 과일, 캔디와 같은 선물을 듬뿍 가져다주었다고 한다.

해마다 이때쯤이면 과거 우리의 부모들은 자녀들에게 이렇게 말했다. "얘들아, 부모님 말씀 잘 듣고 착한 일을 해야 산타할아버지께서 성탄절에 선물을 나누어준다"고.

그러나 오늘날 부모들은 자신의 자녀들에게 이렇게 말할 것이다. "얘들아, 학원은 다녀와야지. 공부를 잘하는 아이들에게 산타할아버지가 성탄절에 선물을 사준단다"고.

하지만 올 겨울엔 산타들이 크리스마스이브에 선물을 돌리지 않기로 했다고 한다. 갈수록 상업화되는 성탄절, 물질과 돈을 신처럼 여기는 현대인들을 향해 돌연 파업을 선포한 것이다.

강대국의 힘에 상처받은 우리 농촌 성탄절에 돌아보길……

물론 일면의 진실과 일면의 상상이 내포된 해석일수도 있다. 하지만 과거 산타와 오늘날 산타는 분명 생각의 충돌을 일으키고 있다.

아이들은 이미 너무 많은 물질에 둘러싸여 있고, 역시 받는 것에만 익숙해진 아이들에게 '주는 기쁨', '나누는 행복'이 무엇인지를 일깨워주기 위해 산타의 모습도 달라져야 한다는 것이다.

성탄절에 타고 싶은 그리운 고향열차

한없이 인자하고 너그럽기만 한 산타가 '산타도 외롭다'는 발상에서 출발한다. 항상 남에게 베풀지만, 친구가 없어 외로운 산타는 손자들에게 무엇인가를 받고 싶어 한다.

올 성탄절에는 도시의 한복판에서 농촌으로 가까이 다가가 보자. 그리고 농촌의 어려움을 차분하게 짚어 보자. 작금의 우리 농촌은 쌀 개방의 파고 속에서 농심의 순수성이 강대국의 보이지 않는 힘에 의해 훼손되고 조정당하고 있다. 진정 농촌의 서글픈 현실을 외면하지 말자.

그리고 특별한 성탄축제를 마련해 보자. 사랑에 목이 마른 농촌의 어르신 산타를 위해 엔젤 손자들의 재롱 파티를 가득 안기자.

(2005. 12)

농촌 환경의 속성·감성적 인식 활용하자

요즘 개인의 잠재능력을 끌어내기 위한 노력과 움직임이 사회 저변에 확산되고 있다. "당신의 능력을 보여 주세요"라는 선전 광고처럼 '숨은 능력 찾기'는 모두의 관심사다.

앤서니 라빈스의 『네 안에
잠든 거인을 깨워라』

이는 지난 90년대 초반 출판된 스티브 코비의 『성공하는 사람의 7가지 습관』과 앤서니 라빈스의 『네 안에 잠든 거인을 깨워라』라는 책들이 발판을 마련했다.

특히 『네 안에 잠든 거인을 깨워라』라는 책은 개인의 변화와 성공 사례를 보여 주면서 즉각적으로 변화와 성공으로 이르는 길을 안내한다.

그는 자신의 두뇌에 강력한 즐거움과 고통을 변화와 연결시키는 방법과 이를 통해 즉각적인 변화를 이끌어낼 수 있는 방법을 자세하게 제시한다. 또 세미나와 컨설팅을 통해 개인이 자신의 내부에 갖고 있는 무한한 잠재능력을 계발하게 하고, 그것을 바탕으로 현재의 상태에서 원하는 상태로의 성공적인 변화를 가능하게 하는 탁월한 능력을 갖고 있다고 한다.

그는 우리 내부에 억압되어 있는 진정한 잠재력, 잠든 거인을 깨우면서 우리의 인지체계를 혁신하는 탁월한 성과와 성공 변화의 매뉴얼을 제시하고 있다. 즉 무한한 자기 가능성의 발견도 변화의 원동력이 되지만, 여기에 변화의 원리와 방법이라는 도구가 함께하여 성공을 지향하는 개인과 변화를 추구하는 조직에겐 그의 메시지가 필수조건이라는 것이다.(『네 안에 잠든 거위를 깨워라』 중에서)

지금 우리 농촌사회에 정말 필요한 메시지는 농촌 내면 속에 숨어 있는 거인을 깨우는 일이다.

"농업도 이제 변해야 산다"라는 말은 많이 듣지만, 그 누구도 어떻게(How to)에 대해서는 그다지 명쾌한 방안을 제시하지 못하고 있다.

농촌다움, 경관미, 정주편리성 등 다차원적 잠재력의 가치

농업기반은 갈수록 무너져 가고, 우리 농업의 취약성은 어제 오늘의 이야기가 아니다. 농촌지역자원을 키워 나가야 하는 정부에겐 더욱 부담이 되고 있다. 신뢰를 바탕으로 농업인의 비전과 열정을 지역농업의 목표와 사회적 공익에 조화를 이루는 것, 우리 농촌사회에 시급한 과제이다.

이제 우리 개인 내부에 잠재하는 진실된 힘을 불러일으킴으로써 협동사회와 기업조직을 만들어 나가게 되는 것처럼 그의 메시지를 통해 한국 농촌의 숨어 있는 자원, 진정한 잠재력을 깨워 나갈 때다.

그런 의미에서 농촌 내면에 숨은 자원, 즉 진정한 잠재력이 농촌 어메니티이다. 본래 농촌 어메니티의 '어메니티'란 용어 또한 그러한 정서와 통하고 있다. 그러니까 '농촌 어메니티'란 농촌공간에 존재하는 우리에게 친근감을 주는 모든 소재들을 통틀어 일컫는다.

농촌의 경우 맑은 강이나 산 등 자연환경, 특산품·토속음식, 지방

고유의 축제나 문화, 야생 동식물 등이 어메니티 자원이 될 수 있다. 구체적으로는 농촌다움(농업, 전통성, 공동체 문화), 경관미(취락형태, 자연친화성, 시·지각현상), 정주편리성(접근성, 편익성, 여가활동) 등 다차원적 가치를 지닌 농촌 환경의 속성이나 감성적 인식을 나타낸다.

한마디로 어메니티 자원이란 농촌 고유의 휴양적·심미적·생태적·경제적 가치를 지닌 자연환경, 전원경관, 생산품, 역사문화, 공동체 등의 유·무형적 자원이다.

우리 농촌의 경우 지자체별로 지역개발에 관한 논의와 계획들이 붐을 이루게 되면서 농촌 어메니티 자원 발굴에 대한 각종 개발 프로젝트들이 활발하게 이루어지고 있다.

마침내 농촌 내면 속에 잠든 거인들이 깨워지고 있는 것이다. 새로운 아이디어와 기술창의력에 기초한 벤처농업이 새로운 싹으로 돋아나고 있고, 농촌 어메니티 자원의 발굴을 통해 새로운 농업비즈니스가 지자체를 중심으로 만들어지고 있다.

따라서 농촌 속에 숨어 있는 자원을 발굴하는 방법들이 보다 구체적인 타당성을 갖출 수 있도록 체계적인 기술과 매뉴얼이 요구되는 시점이다.

(2005. 12)

농촌의 자생식물도 자원이다

쓸모없는 잡초는 없다

해마다 농사철이 되면 농촌에선 잡초와의 전쟁이 필수다. 잡초는 농작물의 성장에 필요한 양분과 수분을 빼앗을 뿐만 아니라, 빛과 통풍을 차단하여 농작물의 성장을 저해하고, 심지어는 병충해를 일으키는 장본인이기도 하다.

잡초는 아무리 척박한 황무지라도 잘 자란다. 뽑은 뒤 얼마 되지 않아 단물을 먹은 듯 쑥쑥 자라난다. 그렇다고 잡초를 그냥 놓아둘 수는 없다. 뽑지 않으면 어느새 잡초밭이 되기 때문이다. 오죽했으면 잡초 같은 인간이란 말이 생겼을까.

한편 어떤 잡초가 특별한 약효가 있다는 연구발표가 있으면 그 잡초는 귀한 명초가 되고, 때론 구하기 힘든 품종이 되며, 나중엔 구할 수 없는 절품이 된다.

또한 잡초는 본연의 의무를 다한다. 폭우가 내릴 때는 토양의 유실을 막아 주고, 건조할 때는 풍해(風害)를 약화시킨다. 단단한 흙은 잡초뿌리가 흙 속을 파고들어 부드러운 토양으로 일구어 낸다. 뽑아낸 잡초는 농작물의 부족한 수분을 보충하여 주기도 하고 죽은 잡초는 썩어서 퇴비가 되기도 한다.

잡초는 단단한 흙 속을 파고들어 부드러운 토양으로 일구어 내는 등
본연의 의무를 다하고 있다.

그저 잡초라고 전부가 해롭다고 단언할 수는 없다. 발에 채이고, 제
초제로 사라져 가는 잡초가 미래의 귀중한 약제로, 식용으로의 높은
가치가 있는 경제재로 등장할지 그 누구도 모르는 일이다.

이처럼 전체 식물사회에서 보면 '쓸모없는 풀'은 없다. 모두들 꽃을
피우고 열매를 맺어 아름다운 자연을 구성하고, 산소를 내뿜어 공기
를 맑게 하며, 다른 동식물들에게 도움을 주고, 받으며 살아간다.

겨울새를 위한 까치밥 보고 감탄한 펄벅 여사

생전에 한국을 너무 사랑했던 『대지』의 작가 펄벅 여사가 한국을
처음 방문했을 때이다. 천 년의 고도 경주를 방문하기 위해 기차를
타고 가던 중 감나무 끝에 달려 있는 따지 않은 몇 개의 홍시를 보고
는 "따기 힘들어 그냥 두는 거냐"라고 물었다.

새들의 겨울양식까지 챙기는 그런 후덕한 사람들이 살고 있는 곳이 바로
우리 대한민국의 농촌이다.

"까치밥이라 해서 겨울새들을 위해 남겨 둔 것"이라는 설명에 펄벅
여사는 탄성을 지르며 이렇게 외쳤다고 한다.

"바로 이것이야. 내가 한국에 와서 보고자 했던 것은 고적이나 왕릉
이 아니라, 이것 하나만으로도 나는 한국에 잘 왔다고 생각한다"라고.

집에서 기르지 않는 새들의 겨울양식까지 챙기는 사람들! 그런 후
덕한 사람들이 살고 있는 곳이 바로 우리 대한민국의 농촌이다.

최근 농촌진흥청 자료에 의하면 우리나라 농촌이 건강 및 휴양공간
으로 중국인들이 자랑하는 소주, 항주지역보다 환경적 다양성과 어메
니티 가치가 더 좋은 것으로 보고됐다.

예컨대 우리나라 농촌 환경이 갖고 있는 장점으로 산림, 계곡 등
건강에 좋은 음이온을 발생시키는 산림 녹지율이 우리나라가 65%인
데 비해 중국 소주지역의 경우는 3% 정도로 현저히 적으며, 전체 면

적 중에서 42% 정도가 수면(水面)으로 되어 있어, 계절에 따라 다양하게 변하는 경관 등 어메니티 개발가치 측면에서 우리나라가 높은 것으로 나타났다는 것이다.

특히 우리나라 농촌마을은 풍수 지리적으로 배산임수형으로 자연의 이치에 따라 마을이 형성되어 있고 우리나라 전체 6만2000여 개 자연마을과 곳곳에 깊은 계곡과 숲 등이 풍부한 자연자원을 갖고 있어 어느 나라보다 한국적인 아름다움과 웰빙공간으로 환경적 가치가 우수한 장점을 갖고 있다고 한다.

이 같은 결과는 우리 농촌의 어메니티 자원 개발에 희망을 불어넣어 주고 있다. 지금부터 농촌개벽을 위한 불씨를 지피자. 우리 주변에 흐드러진 잡초 중에서 귀한 약제로, 또는 원예용으로 개량 육종 가능한 식물들을 자원화하여 농가소득에 도움을 주자. 그리고 기존 원예용으로만 쓰이는 자생식물들을 약용 또는 식용으로 자원화의 폭을 넓혀 보자.

그리하여 까치밥을 챙기는 후덕한 마음으로 쓸모없는 풀 속에서 새로운 경제재를 찾아보자. 정부와 농업 관련기관과 농민이 같은 마음으로 노력한다면 분명 탱자가 귤이 되어 돌아올 것이다.

(2006. 1)

농산어촌의 매력은 경제적·심리적 자산

　말에 채찍이 가해지듯 분주하게 돌아가는 도시의 일상생활, 그 경쟁속도에 균형을 맞추기 위해 한 박자 쉬어갈 수 있는 여유를 찾지 못하는 도시인들. 그 도시인들이 살고 있는 고층아파트를 바라보고 있노라면 삭막한 도시에 진정 따뜻한 봄이 찾아올 것인가. 당당하게 말할 자신이 없다.

　그런데 서기 2006년 세계적으로 도시에 살고 있는 사람들의 비율은 50%를 훌쩍 넘어 섰다. 2030년이면 세계 인구의 90% 이상이 도시에 산다는 예측이 현재 무리 없는 것으로 받아들여지고 있다.

　그래서 21세기를 '도시화의 시대'라고 말한다. 이런 시대에 농촌의 중요성을 말하는 것이 무슨 의미가 있을까?

　먼저 위의 예측에는 허점이 있다. 그동안 법칙으로 여겼던 맬더스 인구론이 무너졌듯이 어떤 사회현상이든 시간과 정비례하는 정도에는 수확체감의 법칙처럼 어느 한계점이 존재하게 된다. 즉 사회나 자연계에서 발견되는 현상은 시간이 지남에 따라 점점 더 진행되는 것같이 보이더라도 어느 정도 한계에 도달하면 오히려 떨어지기 시작하는 종형 곡선을 그린다.

　따라서 도시화도 어느 한계점에 도달하면 오히려 분산돼 농촌으로 퍼지는 현상으로 이어질 가능성이 높다. 요즘 우리 농촌에 나타나기 시작하는 U턴 현상(농촌 출신으로 도시생활을 하다가 다시 농촌으로 복귀하는 모습)이나, I턴 현상(도시 출신으로 농촌에 내려가서 사는 모습), 또 국토균형발전 차원에서 강조되는 분산화, 지방화 역시 이런 경향으로 해석할 수 있다.

둘째로 도시가 한사코 건조하게 변질되어 갈수록 농촌의 향수는 더욱 필요한 수분의 공급처가 될 것이다. 당장은 농촌을 애써 외면하는 비서정성이 요즘 도시의 풍속도이겠지만, 바쁠수록 한 박자 쉬어갈 수 있는 농산어촌의 쉼터 역할은 어느 때보다도 그 필요성이 한층 크게 될 것이다.

얼마 전 시골에 가는 길에 학교 동창이자, 현재 고등학교 교사인 친구를 우연히 만났다. 이렇게 감동은 엉뚱한 데서 시작되었다.

그가 소개하는 그 학교는 시골에 있는 농업고등학교로서 학교가 내세우는 교육이념은 '무두무미(無頭無尾)'라는 것이다.

이를 테면 선후배들이 다함께 꼬박꼬박 존댓말을 하는 독특한 인사법. 어설픈 1등보다는 당당한 꼴찌가 되라는 노래를 가르치며 보통사람을 강조하시는 교장선생님.

하지만 학생들에게 보통사람으로 살아가라고 한 그 교장선생님은 정작 보통 교장선생님 같아 보이지 않다는 것이다.

학생들이랑 뒤섞여 책걸상도 나르고, 식판도 닦고, 녹차를 타고, 교장실도 따로 없이 교무실 한쪽에 책상이 있다는 것이다. 비록 농촌학교에 불과하지만 그 학교의 독특한 운영이 나에게 생각지 못한 감동을 주었다. 친구와 대화하는 동안 감동은 계속되었다. 그중 하나가 <추억이 방울방울>이라는 영화 이야기다.

다카하타 이사오 감독의 2번째 작품인 <추억은 방울방울>(おもひでぽろぽろ / Memories Of Teardrops)은 농촌에 대한 추억 여행기이다.

영화 〈추억은 방울방울〉의 배경

　동경 토박이인 다에꼬는 초등학교 때 시골로 간 친구들을 그리워하
며 10일간 휴가를 내어 친구들을 만나기 위해 여행을 떠난다. 여행
도중 그녀의 머릿속에는 가족과 학교 친구들 사이에 있었던 옛 추억
들이 하나씩 떠오르고 과거로의 여행은 시작된다.

　　지금 생각하면 절로 웃음이 나오는 사소하면서도 우스운 체험들……첫 생리,
'아이스케키', 학예회 연극, 풋사랑, 짝꿍 등……

　시골 역에 도착했을 때 다에꼬를 반갑게 맞이해 준 건 샐러리맨 생
활을 그만두고 시골로 내려와 생활을 하고 있는 시골청년 토시오였다.
토시오를 만나면서 그녀는 또 한 번 초등학교 시절의 추억 속으로 빠
져든다. 분수의 나눗셈을 못했던 일, 초등학교 5학년 때 짝꿍인 아베
라는 남자아이의 추억 등을 이야기하며 순박한 시골청년 토시오에게
호감을 갖게 된다.

그렇게 시골에서 지난 추억을 회상하며 지내다가 시골을 떠나기 전날 할머니로부터 토시오와의 결혼제의를 받고 그녀는 고민에 빠지게 된다.

그날 밤 토시오와 이야기를 하며 다에꼬는 지금까지 알지 못했던 자신의 자의식이 막고 있었던 것들을 지금 다시 토시오로부터 불러일으켜진 것들에 대한 혼란스러움을 느끼며 그녀는 기차를 탄다.

돌아오는 기차 안에서 다에꼬는 혼란스러움 속에서 자신이 진정하고자 했던 것들이 무엇인지를 알게 되고 발걸음을 다시 시골로 되돌리게 되는데……(<추억은 방울방울> 중에서)

보통사람을 강조하는 농업고등학교. 다에꼬의 진정한 꿈을 되찾아준 추억의 농촌. 이 두 가지 상황을 보고 있노라면 우리의 상황에 대한 평가가 엇갈리게 된다.

지금까지도 우리 국토의 공간에 농촌지역이 상당부분 차지하고 있다는 사실이 새삼 고맙다는 것과 이에 반해 농촌이 살기 힘들다고 도시로 떠나는 사람들과 정부의 농업인 구조조정정책이 신경 쓰인다는 것이 헷갈린다.

하지만 보통사람이 살고 있는 농촌, 추억이 방울방울 열려 있는 농산어촌의 매력은 앞으로 우리국민의 경제적, 심리적 자산이 될 것이라는 것만은 확실하다.

(2006. 1)

사람과 신, 사람과 자연이 하나로 화합

정월 대보름 하면 내 기억 속에서 가장 먼저 떠오르는 것은 '더위 팔기'이다. 열 나흗날 저녁 어머니는 나와 동생들에게 '더위팔기'에 대해 말씀하시면서 보름날 아침 해가 뜨기 전에는 동네사람들이 부르는 소리에 절대 대답하지 말라고 당부하셨다.

하지만 아침 일찍 이웃에 사는 친구가 찾아와서 밖에서 놀자고 내 이름을 불렀다. 나는 엉겁결에 "응"하고 대답을 했다. 그러자 그 친구는 기다렸다는 듯이 "네 더위, 내 더위"라는 말을 했다. 아차, 먼저 더위를 외쳤어야 하는 건데, 왠지 그날부터 이웃집 친구가 원수가 되었다. 이런 풍속을 더위팔기(매서: 賣暑)라고 했으며, 이렇게 우리는 정월 대보름을 시작하곤 했다.

정월 대보름날, 아이들부터 어른에 이르기까지 마을엔 온통 놀이판이 벌어진다. 줄다리기, 달맞이, 농악 놀이, 새 노래 등 민속놀이와 풍악이 울려 퍼지는 가운데 마침내는 다함께 참여하는 대동놀이로 놀이판은 확장된다.

정월 대보름날의 쥐불놀이

특히 아이들에겐 정월 보름날 저녁에 많이 하는 불놀이가 있었다. 망우리라 하여 아이들이 무리를 지어 논이나 둑 같은 곳에서 횃불을 돌린다. 불을 넣은 깡통을 돌리기도 한다. 불이 돌아가는 모습이 마치 보름달 같아 '망우리'라고 하는 것이다.

이때 둥근 불 주위에 검은 그림자가 많이 생기면 흉년이 든다고 한다. 우리 동네 아이들은 이웃동네 아이들과 들판에서 망우리를 돌리며, 힘겨루기를 하다가 결국 패싸움이 되는 경우가 허다했다.

율력서(律曆書)에 의하면 정월 대보름날 뜨는 보름달을 보며 한 해의 소원을 빌면 그 소원이 이루어진다고 믿었다. 동국세시기(東國歲時記)에는 "초저녁에 횃불을 들고 높은 곳에 올라 달맞이하는 것을 망월(望月)이라 하며, 먼저 달을 보는 사람이 재수가 좋다"고 적혀 있다.

　그리고 정월 대보름에는 농사의 풍년을 기원하는 세시와 함께 농사의 풍흉을 점치는 세시가 많았다. 농사의 풍흉은 그해에 제대로 비가 오느냐 오지 않느냐에 달려 있다고 해도 과언이 아니었다. 그래서 그해 제대로 비가 올 것인지를 점치는 풍속이 많았다.

　먼저 보름의 날씨를 통해 한 해 농사의 풍흉을 점치는 방법이 있었다. 정월 보름달의 색깔이 붉으면 그해 날씨가 가물 징조이고, 희면 비가 많이 온다. 또 날씨가 흐리면 그해의 농사가 풍년이고, 날씨가 좋으면 흉년이다.

정월 대보름 달집태우기 광경

　겨울인 만큼 날씨가 춥고 흐려야 한다는 것이다. 실제로 겨울에 날씨가 너무 따뜻하면 보리가 웃자라는 등 피해가 있었다. 또 꼭두새벽에 첫 닭이 울기를 기다려, 그 우는 횟수가 열 번 이상이면 가뭄이 든다고 믿었다.

　또 보름날 아침밥을 할 때 쓰인 나무 숯을 마당에 두어서 그 숯이 하얗게 변하면 날씨가 가물고 시커멓게 변하면 비가 많이 온다고 점쳤다. 이와 비슷한 방법으로 아침에 찰밥을 먹기 전에 보리, 나락, 콩 등을 태운 후 그 재를 밥에 묻혀 두었을 때 변하는 색깔을 보고 풍년과 흉년을 점치기도 하였다

　정월 보름 아침 한 해 농사의 주역인 소를 통해 풍흉을 점치기도 하였다. 소 외양간 앞에 나물과 밥을 차려 놓고 소가 나물을 먼저 먹으면 흉년, 밥을 먼저 먹으면 풍년이다. 또 새벽에 까치소리를 들으면 풍년, 새소리를 들으면 흉년이다.

정월 보름에 벌이는 놀이판에서도 농사의 풍흉을 점쳤다. 줄다리기를 해서 이긴 편은 풍년, 진편은 흉년이라든가, 동쪽이 이기면 풍년, 서쪽이 이기면 흉년 등 그 점치는 방법은 다양했다. 윷놀이, 동채싸움, 기싸움 등 놀이종목도 여러 가지였다.

이제 그와 같은 더위팔기, 불놀이, 점치기는 추억으로 존재한다. 그래도 대보름 먹을거리 풍습만은 여전히 전해져 내려오고 있고, 보름달만은 어김없이 떠올라 사람들에게 차오름의 만족과 비움의 겸허를 동시에 알게 해 주고 있다. 그래서 대보름이라는 명일(名日)은 오늘날 우리 농촌에서는 각별한 의미를 지닌다.

따라서 정월은 사람과 신, 사람과 사람, 사람과 자연이 하나로 화합하고 한 해 동안 이루어야 할 일을 계획하고 기원해 보는 달인 것이다.

2006년 한 해도 도시와 농촌이 정월 대보름달의 의미를 되살려 하나가 되는 소망을 기원해 본다.

(2006. 2)

농촌은 순환의 지혜를 배우는 본향

　초원에 사는 동물 가운데 왕은 역시 사자다. 표범이나 다른 사나운 맹수들이 사력을 다해 추포(追捕)한 사냥감일지라도 사자가 다가서면 아쉬워도 미련 없이 내놓고야 만다. 특히 그 무서운 사자들 중에도 그들을 지배하는 자는 수사자다.

　그는 밀림의 모든 지배권을 가지며, 아무도 그의 권한에 도전하지 못한다. 그러나 영원할 것 같은 그 위대한 자리도 3~4년이면 젊은 다음 후계자에게 그 권좌를 내줘야만 한다. 그리고 쓸쓸히 그 무리들을 뒤로하고 먼 곳으로 가서 여생을 홀로 보내며 생의 최후를 맞이한다.

　여기서 우리는 정들었던 무리들을 떠나 자연스럽게 사라져 가는 권력 잃은 사자의 뒷모습에서 자연의 순리를 깨달을 수가 있다. 자연을 목석초화(木石草花)라 했던가. 새가 앉았던 개울가에선 산 냄새, 봄풀, 구름향기, 맑은 물소리 등 자연의 소리가 들리고 있다.

우리 모두 하던 일을 삼시 멈추고 자연의 소리에 귀를 기울여 보리. 새가
앉았던 개울가에선 산 냄새, 봄풀, 구름향기, 맑은 물소리 등 자연의
소리가 들리고 있다. 이렇듯 농촌은 우리의 본향이다.

몽테뉴는 자연소리를 상냥한 길의 안내자이며, 현명하고 공정하고
상냥하다고 칭송하고 있다. 산에서는 경건함을, 들녘에서는 풍요로움
을, 바다에서는 위대함을, 하늘에서는 광대함을, 태양에서는 정열을,
달에서는 온유함을, 물에서는 유연함을, 불에서는 노여움을 배울 수
있듯이 '사자'로부터 순환의 지혜를 배울 수 있다.

우리 모두 각자의 하던 일을 잠시 멈추고 자연의 소리에 귀를 기울
여 보자. 지금 우리가 처해 있는 자리가 다른 이들보다 조금 권위 있
고, 조금 경제적으로 넉넉하더라도, 우리는 언젠가 사랑하는 가족의
둥지를 떠나 반드시 우리의 본향(本鄕)으로 먼 여행을 가야만 한다.

그런대도 우리는 인위적인 꾸밈 속에서 편리하게만 살아가고 있다.

상대의 아픔이 나의 아픔이라는 말은 멀리 사라져 버렸다. 우리는 타고난 그대로의 모습으로 살아가기를 거부한다. 타고난 하늘의 마음은 숨기어 놓고 자기의 이익을 위한 가면을 쓰고 살아가고 있다. 꼭 가면무도회와 같다.

지금부터는 가면을 벗겨 내야 한다. 왜냐하면 우리 본래의 하늘의 마음은 곧 자연이요. 자연의 보금자리는 농촌이기 때문이다. 그리고 농촌은 의·식·주 중에서 '식'의 문제를 담당하는 산업이다. 과거의 지배계층들이 농업을 중요시한 이유는 식생활이 안정되어야만 나라가 유지될 수 있었기 때문이었다.

하지만 근대화의 물결과 더불어 농업의 비중은 상대적으로 낮아지고 있으며 많은 난관에 봉착하고 있다. 교육, 소득, 문화 면의 혜택에서 소외되자 많은 젊은이들이 고향을 등진 채 도시로 향하였고 농촌에는 노인들만이 자리를 지키고 아이들의 울음소리가 사라진 마을들이 많이 속출하고 있다.

이러한 현실을 타개하고 다시 돌아오는 농촌으로 만들기 위한 많은 노력들이 시도되고 있으며, 그중 가장 적극적이고 현실성 있는 대안으로 모색되고 있는 분야가 바로 관광농업(그린투어)이라 할 수 있다.

그동안 우리나라에서 여러 사람들에 의해 그린투어라는 이름으로 시도되었던 많은 노력들이 조금씩 결실을 맺고 있다. 반면 실패사례도 속출하고 있다.

실패사례의 가장 큰 이유는 지역의 실정에 맞는 프로그램을 개발하지 않고 무조건적으로 다른 이들의 성공모델만을 본 따서 성급히 추진하였기 때문이다.

그러다 보니 그 지역만의 고유한 특색이 없이 어디를 가나 비슷하다는 생각 때문에 참여자를 유인하는 데 실패하고 과도한 초기비용과 유지비용을 감당하지 못하여 중도에 포기하는 사례가 늘고 있다.

그런 의미에서 외국사례 중 시사점을 정리해 보자.

첫째, 농촌체험에 대한 이해다. 그린투어 목적을 정확하게 이해하는 것이 중요하다. 그린투어는 환경보전을 중시하는 이상론도 아니고, 새로운 시장 개발이나 관광상품이라는 좁은 의미의 경제적 발상도 아닌, 바로 농촌사랑과 도시민의 절세운동이다.

농업을 어떻게 할 것인가. 농가의 생활과 농촌의 장래는 어떻게 될 것인가. 어떻게 아름답게 만들고 풍요로운 환경을 보전할 것인가. 농촌을 방문하는 사람의 즐거움을 어떻게 높일 것인가 등의 문제의식이 그 개념의 근저에 있다는 점을 외국 사례에서 이해할 수 있다.

둘째, 농촌체험에 관한 총체적인 전략이 필요하다. 지역 전체의 생활, 문화, 환경을 어떻게 그려 나갈 것인가. 무엇을 창조하고, 무엇을 보전할 것인가, 그 결과 지역의 생활과 어떻게 관련되어 있는 것인가 등의 농촌지역 전략이 요구된다.

셋째, 다자간 협력체제의 구축이다. 농촌체험이란 여행업자, 교통기관, 숙박시설, 음식업, 상점, 오락시설, 농가, 주민 등 여러 섹터와 관련되어 있는 산업이다. 국가와 지자체는 물론 여행업자, 자원봉사단체, 지역주민, 농촌방문자 등 모두가 그 정신을 이해하고, 비전과 전략을 공유하여 파트너로서 협력하는 것이 중요하다.

넷째, 그린투어리스트가 육성되어야 한다. 농촌체험이 성공하기 위해서는 전문가가 필요하다. 방문객에게 그린투어의 정신을 설명하는 그린투어리스트가 필요하고, 또 지역의 역사와 문화, 농업의 중요성,

농촌의 즐거움 등에 대해 해설을 하기 위한 조직적 프로그램의 중요한 역할을 한다.

다섯째, 제도적인 정비와 지원이 필요하다. 농촌체험이 확대되기 위해서는 각종 융자제도, 관련제도의 검토가 선행되어야 한다.('그린투어컨설팅, 농업인의 삶의 질 제고를 위한 농소정협력사업 민관협력방안' 중에서)

이제 우리도 농촌에 자연과 예술을 입혀 아름다운 농촌을 창조해야 한다. 예컨대 농촌지역의 특유의 풍부한 자연이나 역사, 풍토 등을 통해 얻어지는 여유와 윤택함과 편안함으로 가득 찬 지란지교(芝蘭之交)를 꿈꾸는 공간을 만들어 내야 한다. 그리하여 지란지교의 꿈을 실현해 보자.

저녁을 먹고 나면 허물없이 찾아가,
차 한 잔을 마시고 싶다고 말할 수 있는
친구가 있었으면 좋겠다.

입은 옷을 갈아입지 않고 김치 냄새가 좀 나더라도
흉보지 않을 친구가
우리 집 가까이에 있었으면 좋겠다.

비 오는 오후나 눈 내리는 밤에
고무신을 끌고 찾아가도 좋을 친구,

밤늦도록 공허한 마음도 마음 놓고 보일 수 있고,
악의 없이 남의 이야기를 주고받고 나서도
말이 날까 걱정되지 않는 친구가……

사람이 자기 아내나 남편,

제 형제나 제 자식하고만 사랑을 나눈다면
어찌 행복해질 수 있을까.

영원히 없을수록 영원을 꿈꾸도록
서로 돕는 영원한 친구가 필요하리라.
그가 여성이어도 좋고 남성이어도 좋다.
나보다 나이가 많아도 좋고, 동갑이거나 적어도 좋다.

다만 그의 인물이 맑은 강물처럼 조용하고 은은하며,
깊고 신선하며, 예술과 인생을 소중히 여길 만큼
성숙한 사람이면 된다.

그는 반드시 잘생길 필요가 없고, 수수하나 멋을 알고
중후한 몸가짐을 할 수 있으면 된다.

때로 약간의 변덕과 신경질을 부려도
그것이 애교로 통할 수 있을 정도면 괜찮고,
나의 변덕과 괜한 흥분에도 적절히 맞장구 쳐주고 나서,
얼마의 시간이 흘러 내가 평온해지거든,
부드럽고 세련된 충고를 아끼지 않았으면 좋겠다.
(유안진 님의 「지란지교를 꿈꾸며」 중에서)

유안진 님의 「지란지교를 꿈꾸며」는 정리되지 않은 마음을 차분하게 만드는 글이다. 가까운 미래에 농촌의 지란지교 꿈이 실현되기를 기대해 본다.

(2006. 2)

오감을 살린 테마 개발로 마을에 활력

최근 전북 무주군 무풍면이 주최한 '무풍지역 희망 만들기' 토론회에 다녀왔다. 농촌은 한·미 자유무역협정(FTA) 깃발을 건 타이타닉호의 소식 때문에 온통 불안에 떨고 있다. 생각만 해도 절로 위압감이 느껴지는 FTA 깃발. 이 협정이 체결된다면 뒤를 이어 한·중 자유무역협정이 대기하고 있다.

이쯤 되면 즉시 대피소로 긴급대피를 해야 할 실제상황임에도 불구하고 겁먹지 않고 싸울 채비를 하고 있는 농산촌 사람들이 있다. 이름하여 무풍면 사람들이다.

무풍면은 충(忠)·효(孝)·예(禮)의 전통을 숭상하며, 십승지지(十勝之地)로서 찬란한 문화와 전통의 고향이다. 삼국시대 신라의 '무풍현'에서 '무' 자를 따고, 백제의 '주계현'에서 '주' 자를 따와 '무주군'이라는 동서화합의 지명을 탄생시킨 고장이다.

최근 인구의 지속적인 감소와 노령화, 농업 생산구조 및 산업기반의 취약성, 지역의 정주 생활환경 낙후, 생활환경의 지리적 분산 등 저발전 악순환 반복으로 무풍의 고민과 수심은 깊어만 가고 있다.

위기를 기회로 농산촌 희망 만들기

하지만 위기 속에 기회가 있다는 인식하에 마을 리더들이 함께 모여 대토론회를 개최한 것이다.

이날 지역발전 전략으로 제기된 내용을 소개하면 다음과 같다.

첫째, 자연주의 브랜드로 지역발전의 승부를 걸자. 즉 대규모 자본을 유치해서 자연환경 파괴 등의 부작용을 유발하는 관광시설 중심의 하드웨어적 개발을 가급적 지양하고, 지역 고유의 특성이나 자연자원을 최대한 활용한 상품화 시도다.

둘째, 방문자 중심의 테마를 개발하자. 즉 과거 지역개발은 그 지역에 거주하는 주민(제1의 주민)이나 통근 통학하는 사람(제2의 주민) 위주였지만, 이제는 그 지역의 방문자(제3의 시민)가 중심의 지역개발이 이루어져야 한다는 것이다.

셋째, 관광객의 오감(시각, 청각, 후각, 미각, 촉각)을 자극할 수 있는 감동을 넣자. 즉 그 지역만이 갖고 있는 독특한 특성(무풍지역이

아니면 맛볼 수 없는 향토적인 것)을 발굴하여 관광객을 감동시켜야
한다는 것이다.

8거리와 오감의 복합화를 통한 농산촌 테마개발을 서두르자

이날 참석한 전문가들의 의견을 종합해 보면 첫째, 마을가꾸기 핵
심 8거리의 개발이다. 즉 ① 볼거리: 경관, 집락, 사람, 농촌 등 ② 먹
거리: 토속, 향토음식 ③ 쉴거리: 향토성, 서정성, 전원성, 편락성, 쾌
적성 ④ 알거리: 지역, 개인사, 전설, 민요, 약효, 술 그리고 외지인이
모르는 이야기 등으로 스토리 브랜드 만들기 ⑤ 할거리: 타지불가(他
地不可)의 독특한 취미나 창작, 전통놀이(만들어야 지역특화 가능) ⑥
일거리: 농산어촌에서 노동을 수반하는 체험(농촌의 가치인식, 노동의
신성함) ⑦ 놀거리: 재미와 감동＋정보와 교양을 주는 놀이 ⑧ 팔거
리: 7거리를 통해 지역자산의 가치 증진과 농산물을 부가가치(브랜드)
를 만들어 판매하자 등이다.

둘째, 마을가꾸기의 오감 활용이다.

즉 시(보고): 대자연의 푸르름, 넓은 초원, 목가적 풍경을 눈으로 보고 느낌. 청(듣고): 흐르는 시냇물 소리, 지저기는 산새소리, 가축의 울음소리를 듣고 고향의 정취를 느낌. 미(먹고): 신선한 무공해 채소, 고향집 할머니와 어머니의 정갈한 손맛을 느낌. 후(맡고): 흙냄새, 풀냄새, 솔향기를 맡고 느낌. 촉(만지고): 농산물, 과일, 나무, 동물가축 등 다양한 소재를 만지면서 즐기는 것 등이다. 그리하여 8거리와 오감의 복합화를 통한 농산촌테마개발을 서두르자.

셋째, 마을가꾸기 6원칙을 지키자.

즉 ① 농촌역사와 경관, 지역을 즐길 수 있는 개발 ② 환경보전이나 휴양에 기여할 수 있는 개발 ③ 지역분위기에 조화될 수 있는 디자인 ④ 지역경제에 기여할 수 있는 투자 ⑤ 농촌관광에서 이익을 얻은 자의 책임의식 ⑥ 마케팅과 계몽활동의 필요성 등이다.

넷째, 전원형 은퇴자 농장을 기획해 보자. 왜 필요한가.

① 누구나 자연환경이 좋은 곳에서 살고 싶어 한다. ② 현재의 실버타운은 생존은 있을 뿐 생활은 없다 ③ 실버타운의 목적은 천수를 누리면서 건강한 삶을 사는 것이다. ④ 노인에게도 일이 있고 보람이 있고 사랑이 있어야 한다. ⑤ 추구하는 목표와 삶의 가치에 대한 자기만족을 가질 수 있는 마을이 필요하다. ⑥ 노인생산성이 국가경쟁력에 큰 도움을 준다. ⑦ 노인이 건강하게 살면 의료보험 재정, 정부의 노인복지 재정도 건실해진다 등이다.

다섯째, 우리지역 돌아보기를 통해 5가지 질문을 던져 보자.

① 우리 지역은 경쟁력이 있는 농산물과 블루오션이 존재하는가.

② 지역농산물을 생산-수확-유통하는 과정이 조직화되어 있는가. ③ 농산물 유통에 우수한 인력을 배치하고 유통시설을 갖추기 위해 노력하고 있는가. ④ 지역농산물의 브랜드화 및 자연자원 상품화를 위한 예산확보, 제도화를 위해 노력하고 있는가. ⑤ 농가-농협-행정은 협력을 통해 자체계획을 수립하여 외부자금의 유입을 위해 노력하고 있는가.

이상을 종합해 볼 때 농산어촌 어메니티 자원의 적극적인 발굴과 농산물 유통을 선도하는 지역만이 분명 FTA의 정복자가 될 수 있을 것이다.

(2006. 3)

햇살 좋은 춘삼월축제를 맛보자

우수 경칩이 지났으니 봄이 어김없다. 겨우 내내 숨죽여 개화를 준비해 온 봄꽃들이 온 산하를 화사한 봄빛으로 꾸며 내고 있다. 남쪽의 산자락은 아직 잔설이 남아 있지만 산속의 영물인 고로쇠나무는 새봄과 함께 한바탕 몸살을 치르고 있다.

이처럼 봄은 계절의 여왕답게 축제도 많다. 꽃을 주제로 한 축제, 먹을거리를 주제로 한 축제 등 그 종류도 다양하다. 이 중 지리산 자락에서 매년 3월에 열리는 대표적인 축제가 산청 고로쇠축제와 구례 산수유축제다.

고로쇠는 통일신라 말 도선 국사가 도를 닦는 도중 이른 봄 득도에 이르렀으나 무릎이 펴지지 않아 나무를 잡고 일어서려다가 부러진 나무에서 물이 떨어지는 것을 보고 그 물을 먹고 무릎이 펴졌다는 전설이 있는 신비의 수액이다.

고로쇠 수액은 신비의 영약으로 천 년 가까이 전해져 온 최고의 건강수로 수목의 뿌리가 자체적으로 여과한 알칼리성으로 당도가 높고 마그네슘, 칼슘, 미네랄과 아미노산 등이 풍부해 이뇨, 변비, 위장병, 신경통, 고혈압, 산후통에 크게 효험이 있는 것으로 알려져 있다. 특히 지리산 일대의 고로쇠는 해발 1000m 이상 산지대에서 자생한 고로쇠나무에서 채취한 질 좋은 수액으로 유명하다.

고로쇠나무 표피(painted maple)

고로쇠 수액의 약효를 제대로 보려면 따뜻한 온돌방에서 땀을 흘리며 짧은 시간 안에 많은 양을 먹는 것이 좋다. 그래서 축제 기간에는 아예 방을 잡아 놓고 고로쇠를 대량으로 마시는 사람들이 즐비하다. 축제기간 중에는 길놀이, 제례 및 헌수식, 고로쇠 시음 및 판매, 노래자랑, 초청공연 등의 공연이 있다.

봄을 알리는 불꽃 - 산수유

또 구례 산동면은 국내 최대의 산수유 마을이다. 전북 남원에서 전남 구례로 넘어가는 19번 국도를 따라 전남·북 경계인 밤재터널을 지나면 나온다. 국내 생산량의 60%. 산수유밭만 무려 30만 평에 달한다. 마을 전체가 노란 구름에 갇혀 있는 듯하다.

산수유는 멀리서 보면 개나리와 비슷하다. 하지만 가까이 다가가면 가지와 꽃모양이 전혀 다르다. 가지는 개나리처럼 처지지 않았고 꽃은 수십 개의 뿔이 난 왕관을 빼닮았다.

봄을 알리는 불꽃−산수유

산동면에서 산수유가 가장 아름다운 곳은 평촌마을과 상위마을이다. 평촌에서는 돌담길 너머로 아름드리 산수유가 잇따라 꽃을 피우는 모습을 볼 수 있다. 상위마을은 임진왜란 피란민들이 자리 잡은 곳으로 한때는 100집을 넘는 큰 마을이었다. 한국전쟁을 겪으면서 뿔뿔이 흩어지고 현재는 30여 가구 정도 남았다.

산수유 축제는 보통 만개시기에 맞춰 열린다. 산수유차 시음 및 산수유 술 마시기 대회, 산수유 두부 먹기 및 산수유 떡치기, 산수유 꽃길 체험 등의 행사와 길놀이, 국악대경연, 산신제, 가요제, 그림그리기 대회 등 다채로운 이벤트가 함께 준비됐다.

구례군의 산수유는 전국 생산량의 60% 이상을 차지하는데 2월 중순부터 꽃망울을 터트리기 시작해 3월 중순경이면 노란색으로 만개되어 4월 초까지 노란 꽃물결의 대장관을 이룬다. 10월에는 진홍빛 산호를 깎아 놓은 듯한 열매를 주렁주렁 매달아 놓아, 풍성한 볼거리를 관광상품으로 안겨 주고 있다. 인근에는 국내 최대 규모인 지리산온천이 관광자원으로 함께하고 있다.

산수유 꽃이 필 무렵에는 지리산 자락에서 나오는 고로쇠약수와 흑염소로 지역경제를 활성화시킬 수 있는 절호의 시기이므로 산수유 꽃을 자연 관광상품화하여 국내외 많은 관광객을 유치하고자 지역 주민들이 발의하여 1999년부터 산수유 꽃 축제를 개최하여 오고 있다.

특히 산수유 꽃 축제가 열리는 산동면은 전국 산수유 생산량의 30%를 차지할 정도로 산수유나무가 지천으로 널려 있어 '산수유마을'로도 통하며 인근에는 국내 최대 규모인 지리산온천이 있어 많은 관광객이 방문하고 있다.

축제행사 종목으로는 산수유 꽃 사진촬영대회, 산수유 꽃길, 삼림욕장 걷기, 산수유 꽃 도자기 제작시연 및 체험, 산수유묘목 심기, 지리산 야생화 압화작품 전시, 지리산 야생화 압화작품 만들기, 지리산 야생화 전시, 산수유 꽃 기념품 만들어주기, 산수유차 무료시음, 산수유 가요제, 봄 콘서트, 국악한마당 등이 있다.

이처럼 지리산 자락은 다른 곳보다 일찍 봄이 가득하다. 봄 길을 일찍 열어 주는 냉이, 쑥, 씀바귀 등 여린 햇살받고 나온 낯 익은 얼굴들도 만나볼 수 있다.

이번에 놓치면 1년을 더 기다려야 하는 만큼 주말을 이용해 떠나보는 게 어떨까.

(2006. 3)

농촌 블루오션 캐는 전통고추장마을

최근 관광패턴이 명승지 방문 및 견학중심에서 산업현장체험, 자연
생태관찰, 전통문화체험 형태로 그리고 단체관광에서 가족관광으로 전
환되는 추세다.

특히 농산촌지역은 관광문화자원의 보물창고다. 농산촌 어메니티에
대한 농업인 및 지자체의 인식전환은 농촌지역 자원의 관광 문화상품
화를 촉진시키고, 소비자 지향적인 농산물의 생산과 결합함으로써 농
산촌지역 활성화의 원동력이 되고 있다.

이에 지자체도 농산촌 어메니티를 새로운 블루오션으로 보고 지방
농정에 적극 반영하여 블루오션 캐기에 앞장서고 있다.

며칠 전 전통장류를 이용한 농촌관광상품 개발에 열을 올리고 있는
순창 전통고추장 단지를 다녀왔다.

고추장은 순창군의 명품이다. 조선을 건국한 이성계가 왕이 되기
전 스승인 무학대사가 기거하고 있는 순창 구림면 소재 만일사를 찾
아가던 중 한 농가에서 점심 때 먹은 고추장 맛을 잊지 못하다가 후
일 왕이 되고 궁중에 진상토록 한 데서 유래했다고 한다.

항아리 속 전통고추장의 비밀

또 수문사설 중 식치방의 '순창 고추장 조법'에 의하면, 순창지방은 고추장 담금법으로 전복, 큰새우, 홍합, 생강 등을 첨가하여 다른 지방과 달리 특이한 방법으로 담갔는데 예부터 순창고추장이 유명하였다고 기록하고 있다.

대한민국 제1호 장류산업특구로 지정된 이곳 전통고추장 민속마을은 고추제조 농가가 한곳에 모여 위생적인 생산과 보전을 위해 1997년 순창읍 백산리에 조성한 마을이다.

마을규모는 부지 2만5000평, 조성사업비 152억 원, 생산농가 54가구에 농가인구 170명으로 65세 이상의 고령인구는 20명에 불과하며, 블루오션을 찾아 젊은층이 유입되고 있는 청정지역이다. 호당 농가소득도 5억~10억 원에 이른다고 한다.

어미봉인 내장산과 아비봉인 지리산의 중간지대에 위치하고 있으며, 마을 앞에는 애기봉인 아미산이 우뚝 솟아 있다. 단지 앞으로 88고속도로가 통과하고 있어, 요즘 장류를 연계한 관광상품 개발에 열을 올리고 있다.

이 마을은 전통장류의 위생적인 생산 외에도 주변 자연환경과 조화를 이룬 전통한옥구조의 주택과 작업장, 토종소나무를 식재한 가로수, 돌담너머로 끝없이 자리한 옹기, 처마 밑에 주렁주렁 매달린 메주 등 각종 볼거리가 있으며, 전통고추장 기능인이 정성껏 담근 고추장, 된장, 간장, 청국장, 장아찌 등을 직접 맛볼 수 있다.

특히 순창 전통고추장은 6가지의 맛의 비밀이 있다.

첫째, 고추장 담그는 시기가 다른 지방과 다르다. 즉 순창에서는 음력 처서 전후(8월 말~9월 초) 메주를 띄우고, 음력 동짓달 중순에서 섣달 중순 사이에 담근다.

둘째, 고추장 메주가 다르다. 즉 순창 전통고추장 메주는 다른 지방과 달리 멥쌀과 콩을 혼합하여 도넛 형태의 메주를 사용한다.

셋째, 원료가 다르다. 즉 섬진강 상류의 맑은 물과 기름진 토양에서 생산된 고추, 콩, 찹쌀 등의 재료를 사용한다.

넷째, 물과 기후가 좋다. 순창은 예부터 지명이 옥천(玉川)고을로 불릴 정도로 물이 좋은 고장이며, 연평균 기온 12.4℃, 습도 72.8%, 안개일수 77일로 발효에 좋은 온습도 조건을 갖고 있다.

다섯째, 발효균이 풍부하다. 고추장, 된장 등에 작용하는 다양한 미생물에 의해 자연발효, 숙성과정을 거친다.

여섯째, 군수가 인증한 제조기능인이 대를 이어 만든다. 필자가 방문했던 곳 중에 문옥례 할머니 전통고추장가(家)는 6대에 걸친 전통의 방법으로 더 좋은 품질을 추구하는 특색 있는 곳이었다.

군수가 인증한 제조 기능인이 대를 이어 만들고 있는 순창 전통고추장은
6가지의 맛의 비밀이 있다고 한다.

이처럼 순창고추장은 콩으로부터 얻어지는 단백질원과 구수한 맛,
찹쌀 · 멥쌀 · 보리쌀 등의 탄수화물식품에서 얻어지는 당질로 영양은
물론, 단맛, 고춧가루로부터 붉은 색과 매운 맛, 간을 맞추기 위해 사
용된 간장과 소금으로부터는 짠 맛이 한데 어울린 조화미가 강조된
세계적으로 그 유래를 찾아보기 힘든 우리의 독특한 식품이다.

또 순수 국내산 농산물만을 엄격히 선별하여 제조하는 장아찌는 채
소류를 소금에 절이거나 말려서 장에 박거나 담그는 저장식품으로,
간을 하는 방식에 따라 간장 장아찌, 고추장 장아찌, 된장 장아찌로
구분된다. 장아찌는 재료에 따라 무, 오이, 고추, 감, 마늘쫑, 도라지,
더덕, 죽순, 굴비 등 여러 종류가 있다.

전통 고추장마을 행사도 다양하다. 연중 고추장담그기와 메주만들기 체험을 통해 어린이 청소년에게는 아름다운 우리문화를 가르치는 교육장임과 동시에 고추장 요리 경연대회, 메주패션쇼를 실시하는 장류축제를 열어 전통의 맛을 재현시키고 있다.

　올 봄, 자연이 만들어낸 순창 전통장류를 찾아 블루오션을 캐는 마을사람들의 몸짓을 감상할 수 있는 기회를 만들어 보면 어떨까.

(2006. 3)

봄나물로 지친 몸과 마음에 활력을 주자

봄이다. 충분히 휴식을 취해도 나른하고 졸리다. 사람이나 동물이나 마찬가지다.

가을에 충분한 영양을 섭취하고 겨울 동안에는 굴 안에서 움직이지 않은 채 긴 잠을 자고 난 곰, 노루, 산토끼 등은 겨울과 봄이 교체되는 시기, 즉 3~4월경이 되어 굴 밖으로 나오면 본능적으로 꽃향기를 찾는다.

이때 이 동물들이 가장 먼저 찾아내는 것 중의 하나가 바로 앉은부채꽃이라고 한다. 이 꽃은 눈과 얼음이 채 녹지도 않은 깊은 산골짜기에서 손바닥 같은 포엽으로 둘러싸인 채 먼저 나온다.

동물들만이 이러한 봄맞이 건강비법을 갖고 있는 것은 아니다. 사람의 경우에는 겨울 동안 동면에 들어가지는 않지만 대신 다른 계절에 비해 덜 움직인다. 그러면서도 음식 섭취량은 오히려 더 많은 편이다.

그래서 봄이 되면, 피부는 푸석하고, 일에 의욕을 잃어 공연히 짜증만 느는 춘곤증. 시기적으로 3월부터 4월까지 지속되는 춘곤증은 생체리듬이 아직 풀리지 않은 데서 발생하는 일종의 '부적응의 상태'라고 할 수 있다.

내리쬐는 봄 햇살을 맞으며, 산과 들로 나가 보자.

또 신체 활동량에 맞는 칼로리와 각종 영양소들의 섭취부족에 의한 영양상의 불균형도 요인으로 작용한다. 특히 겨울 동안 운동이 부족하거나, 피로가 누적된 사람일수록 춘곤증이 심하다.

그래서 예부터 우리의 부모님들은 3~4월에 눈이 녹으면 길가 둑에 파릇파릇 돋아나는 쑥의 새싹을 캐내어 쑥국을 끓인 후 집안의 모든 식구들에게 먹게 했다. 이것이 바로 우리의 조상 대대로 내려온 건강 비법이다.

이처럼 춘곤증을 극복하기 위해서는 가벼운 운동이 좋은 양생법이지만, 역시 비타민과 무기질 등의 영양소를 충분히 섭취하는 식생활이 중요하다.

춘곤증을 물리치고 활력을 잃은 몸의 신진대사를 향긋한 봄나물로 원활하게 바꿔 보자. 특히 봄의 계절별미인 나물은 식단의 보배이다. 자연의 향기가 가득한 봄나물은 체내에 부족한 발진의 기운을 보충해 주고, 식욕을 돋우며, 몸과 마음을 상쾌하게 해 나른함을 없애주는 고마운 봄의 전령들이다.

봄의 향기를 느끼고 입맛을 돋우는 영양소가 듬뿍 들어 있는 봄나물이 식탁에 오르면 잃었던 입맛과 기운을 금세 되찾을 수 있다.

내리쬐는 봄 햇살을 맞으며, 산과 들로 나가 보자. 어느새 파릇파릇 설레는 봄나물의 향연이 시작되고 있다. 주위를 찬찬히 둘러보면, 봄의 향취를 돋을 수 있는 봄나물이 지천이다.

예컨대 맛좋은 봄나물 대표주자 냉이, 들에서 나는 한약재 달래, 생명력 강한 야생초 민들레, 피로회복에 좋은 두릅, 여름더위에 강해지는 씀바귀, 항암 치료제 머위, 피를 맑게 하는 돌나물, 알칼리성 산채의 대표 취나물 등이 바로 그 주인공들이다.

신선한 봄나물로 지친 몸과 마음에 활력을 주자

이른 봄 산이나 들에 자라나는 풀은 아무 것이나 뜯어 먹어도 약이 된다는 말이 있을 정도로 영양이 풍부하다. 그래서 웰빙족들은 회색 도시를 탈출하여 건강을 농사짓는 산촌마을로 발걸음을 옮기고 있다.

그리고 봄에는 각종 전염성 질환이나 알러지 질환, 우울증 등이 악화되기 쉽다. 그런데 봄나물의 엽록소는 혈액과 간장의 콜레스테롤 상승을 억제하고 신진대사 기능을 촉진시켜 준다. 모름지기 방구석을 차고 나가 심호흡을 하고, 운동하며, 햇볕을 많이 쏘이고, 봄나물을 먹는 등 봄의 기운을 듬뿍 받도록 해야 한다.

이렇게 여러 가지 면에서 사람들에게 원기를 북돋워 주는 나물들이 최근에는 그 영양가와 효능에 적합한 대접을 받지 못하는 경우가 많다. 더구나 왜 이른 봄이면 쑥국을 먼저 먹는지 모르고 먹는 이들이 많이 있다.

특히 자라나는 아이들이 나물은 소나 말이 먹는 것으로 알고 나물 반찬을 여물 보듯 하는 경우가 많다고 하니, 답답하기 그지없다.

바깥기온은 아직 쌀쌀하지만, 지나는 바람에는 어느새 은근한 봄내음이 묻어난다. 잔뜩 움츠렸던 몸을 활짝 펴고 봄과 함께 활기찬 하루를 시작해 보자. 그리고 신선한 봄나물로 지친 몸과 마음에 활력을 주자.

(2006. 3)

아파트 베란다에 들꽃정원을

주말에 지리산 자락을 찾았다. 낙엽을 툭툭 걷어내자 보랏빛 야생화가 이름모를 꽃들을 활짝 피우고 있다. 마침내 겨우내 잠들어 있던 거인들이 깨어나고 있다. 커다란 야생화 동산이 야단이 났다. 모처럼 만개한 들꽃으로 뒤덮인 지리산 자락의 아름다운 산과 들녘이 사람들을 유혹하고 있다.

4월의 산촌이 아름다운 것은 흰 꽃에 푸른 잎을 더한
야생화가 있기 때문이다.

이처럼 4월의 산촌이 아름다운 이유는 흰 꽃에 푸른 잎을 더한 야생화가 어울려 살아가는 모습을 회색도시에서는 볼 수 없기 때문이다. 새로운 싹으로 돋아난 들꽃 자원을 아파트 베란다로 끌어들이면 어떨까.

사실 아파트 베란다에 화단이 있으나 제대로 활용을 하지 못하고 있는 실정이다. 4월이 가기 전에 야생화가 피고 지는 손바닥 정원을 만들어 보자. 항아리 뚜껑 같은 펑퍼짐한 용기나 넓적한 돌에 얹혀 자그마한 들꽃정원을 만들 수 있다.

야성이 강한 꽃을 집안에서 키우려면 관리에 특별히 신경을 써야 한다.

관리에는 햇빛, 물, 통풍 3가지 요소가 필수이다. 여기에 정성이 곁들여야 제대로 키울 수 있다. 정

성은 다름 아닌 햇빛, 물, 통풍을 최적의 조건에 맞추려는 노력이다.

햇빛은 야생화의 가장 좋은 보약이며, 양지식물은 품종에 따라 다소 차이는 있지만 오전 햇살이 4시간 정도면 무난하다.

야생화는 한 두 포기씩 따로 키우는 것보다는 모둠으로 키우는 것이 좋다. 끼리끼리 습기를 나누기도 해서 물 관리가 훨씬 수월하기 때문이다.

온 식구가 함께 야생화를 키우더라도 물주는 사람은 한사람으로 정해야 한다. 너도 나도 물을 주다보면 결국 뿌리가 썩어 죽어 버린다.

물은 화분에 겉흙이 마르면 주는 것이 좋으며, 여름철에는 저녁에, 겨울철에는 오전에 주는 것이 좋다.

혹시 야생화에 병충해(진딧물, 응애 등)가 발생 시 적절한 농약을 뿌려 주어야 하며, 영양분이 부족할 경우, 거름(하이포넷스, 메네델, 알갱이비료)도 주어야 한다.

야생에서 자란 들꽃은 인내심도 강해 정원에서도 잘 자라기 마련이다

야생화용 흙은 통기성과 배수성이 뛰어난 마사토에 혼합토(피트머스, 질석, 플라이트)를 섞어서 심는 것이 가장 좋으며, 품종에 따라서 녹소토나 적옥토를 섞어서 심어도 좋다.

베란다에 들꽃 정원, 생활건강에도 좋고
아이들 자연교육에도 좋아

또 포트에 심은 모종이 밖에서 겨울을 난 것이면 봄에 얼음이 녹는 대로 심어도 별 탈이 없다. 하지만 온실에서 겨울을 난 것은 늦서리가 멈추는 4월 2일~20일 전후(중부지방 기준)에 모종을 구입하여 심는 것이 안전하다.

심을 때는 키가 큰 것은 뒤쪽에, 작은 것은 앞쪽에 심고 가을에 낙엽이 지는 나무 아래에는 반음지식물이나 음지식물을 심는다.

첫 해에는 조그만 모종에 불과하지만 이듬해 봄이 되면 크게 자라나 멋진 꽃을 피운다. 그때 느끼는 기쁨과 감동은 이루 말할 수 없다.

우리나라에서 자생하는 야생화는 얼어 죽을 염려가 없어 겨울나기에도 안심이고 번식이 잘되므로 주변에 나누어 주고 함께 가꾸어 나가는 즐거움도 누릴 수 있다.

게다가 베란다에 작은 꽃송이를 피워내는 들꽃 정원을 꾸미면, 생활건강에도 좋고 아이들 자연교육에도 좋다. 정원식물은 오랜 시간에 걸쳐 인공작업을 통해 만들어진 반면, 사람의 보살핌 없이 야생 상태에서도 홀로 자란 들꽃은 인내심도 강하다.

청명에는 부지깽이를 거꾸로 꽂아도 산다는 속담이 있듯이 당장 아파트 베란다에 들꽃 정원을 꾸미자.

(2006. 4)

생명천국의 파티가 열리는 곳

경남 창녕은 "메기가 하품만 해도 물이 넘친다"는 고장이다. 지금은 곳곳에 제방을 쌓아 예전처럼 읍내 공설 운동장까지 물이 차오르는 일은 없지만 장마 때마다 수해가 유달리 걱정스럽기가 예나 지금이나 마찬가지다.

창녕지방이 이렇듯 유난히 수해가 심한 것은 낙동강 하류 변의 저지대여서 곳곳에 수많은 늪지가 형성되어 있기 때문이다. 전국적으로 창녕은 늪지대가 가장 많은 고장으로 알려져 있으며, 이 가운데 우포는 한국 최대의 늪지로 유명하다.

그런 의미에서 태고의 신비를 간직한 자연 생태계의 본향, 우포늪을 찾았다.

우포늪은 우포, 목포, 사지포, 쪽지벌 등 네 개의 늪으로 이루어진다. 우포늪은 국내 최대 규모의 원시적인 자연 늪이다. 이 가운데 우포가 가장 넓고 목포가 그 다음이다. 이렇게 거대한 늪지는 어떻게 해서 생겼을까.

지구를 살리는 자연의 콩팥, 우포늪에 봄이 왔어요!

우포늪의 생성에 관해서는 논란이 있지만 가장 설득력이 있는 이야기는 다음과 같다. 1억 4000만 년 전 공룡들이 이 땅을 누비던 때, 낙동강 일대에 큰 지형변화가 있었다. 빙하가 녹으면서 낙동강의 물이 범람하자 이때 실려 온 모래와 흙이 지금의 토평천 입구를 막게 되고, 이 때문에 물이 빠져나가지 못하고 갇히면서 커다란 호수가 만들어지게 된 것이다. 이렇게 만들어진 호수가 세월이 흐르면서 지금의 우포늪이 되었다고 한다.

우포는 1997년 7월, 환경부에 의해 자연생태계 보전지역으로 지정되었고, 1998년 3월에는 람사협약(물새 서식지로서 특히 국제적으로 중요한 습지에 관한 협약, 이란의 람사라는 도시에서 개최되어 그 도시 이름을 따 '람사협약'이라 붙임)에 등록되어 보호되고 있다.

　자연생태계 보전지역으로 지정된 면적은 약 854ha 정도이고, 수면 면적만 70만 평으로 국내 자연 늪 중 가장 규모가 큰 우포늪엔 현재 1000여 종의 다양한 동식물이 사는데, 일례로 우리나라 전체 식물 종의 10분의 1에 해당한다.

　우포늪이 '살아 있는 자연사 박물관', '수생 식물의 보고', '살아 있는 곤충 박물관', '철새들의 낙원'으로 불리는 것도 이 때문이다.

우포늪을 헤엄치는 넓적부리

　이처럼 많은 생명체들이 습지를 터전으로 삼고 살고 있음에도 불구하고 생물과 주변 환경에서 만들어지는 각종 오염물질을 정화, 순화시켜 작은 생명체 하나까지도 영원히 삶을 이어갈 수 있게 하므로 '자연의 콩팥' 또는 '생명의 소용돌이'라 불린다.

이처럼 무한한 가능성을 열어 주는 습지는 먼 미래 우리 인류의 삶과도 밀접한 관련이 있기 때문에 그 중요성이 부각되고 있음은 말할 필요도 없다.

　우포의 사계는 완벽한 생산과 소비의 균형을 갖춘 생태계의 단면을 보여 준다. 특히 자연동식물의 천국인 우포늪은 다음과 같은 가치가 있다.

　먼저 생태학적 가치이다. 습지가 지닌 주요한 생태적 기능을 살펴보면 습지는 조류, 어류, 포유류, 양서류, 파충류 등의 각종 야생동물의 서식처로 제공되고, 유수속의 침전물과 유기물을 제거하며, 지표수 및 지하수의 저장 및 충전을 통한 유량을 조절하는 동시에 수변과 연계된 레크레이션의 이용가능성이 높은 지역으로서 다양한 특성을 가지고 있다.

　둘째, 수문학적 가치이다. 습지의 토양은 단위부피당 보유할 수 있는 물의 양이 많고, 자연적으로 형성된 배수관계로가 복잡하며, 조직적이어서 우기나 가뭄에 훌륭한 자연 댐의 역할을 한다. 우기나 홍수 때의 과다한 수분은 습지토양 속에 저장되었다가 건기에 지속적으로 주위에 공급함으로써 수분을 조절한다. 이때 토양은 표면 유출수를 효과적으로 흡수함으로써 토양 침식을 방지하기도 한다.

　셋째, 경제적 가치이다. 습지가 제공해 주는 경제적 가치는 정확히 평가할 수 없는 단계이지만 양적으로는 수자원 확보와 적정유지에 기여해 주는 수자원 개발 및 관리와 관련된 비용을 절감시켜 주며, 질적으로는 수질을 정화해 환경오염에 따른 비용을 절감시켜 주고, 어업 및 수산업의 산실로서 전 세계 어획고의 3분의 2 이상이 해안과 내륙습지의 이용과 관련되어 있어 막대한 수입원이 된다.

　그 외에도 지역에 따라서 농업, 목재생산, 이탄과 식물자원 등의 에너지 자원, 야생동물자원, 교통수단, 휴양 및 생태관광의 기회 제공

등으로 매우 높은 경제적 가치가 있다.

그렇다면 우포늪에서 무엇을 할 수 있을까. 한마디로 자연에 대한 깊은 성찰을 가지게 하는 곳이다. 로마클럽이 '하나뿐인 지구' 등에서 인류의 장래를 위협하는 4가지 요소를 지적했는데 4반세기가 지난 지금 인구폭발, 자원감소 등은 별로 심각하지는 않고, 핵무기 역시 냉전이 사라지면서 그 위협이 반감됐는데 환경오염 문제는 갈수록 더 심각해지고 있다. 이런 점에서 원시성을 간직한 우포를 지키는 문제는 마지막 남은 인류의 과제다.

봄에는 수면을 초록으로 물들인 여러 가지 수초들을 관찰할 수 있다. 여름에는 곤충들의 세상, 뇌의 무게가 1㎎도 안 되는 곤충들도 우리 사람들처럼 사랑, 증오, 모성애를 가지고 단체생활을 하고, 권투선수보다 더 정확한 한 방으로 상대를 쓰러뜨리기도 한다.

우포늪의 일몰

가을에는 온통 잠자리 천국이다. 은하수가 마른 도시엔 인간의 가슴도 메말라 간다. 그러나 우포의 밤하늘에서 북두칠성, 카시오페이아자리, 삼태성을 찾다 보면 다시 가슴속에 은하수가 흐른다. 겨울에는 바람에 일렁이는 갈대밭을 걷는 것도 좋지만 겨울 우포의 참모습은 진객(珍客), 겨울 철새를 보는 것이다.

8~9월 저녁 8시~9시엔 개똥벌레의 불꽃놀이가 볼 만하다. 지루한 장마가 끝날 무렵 목포의 왕버들 수림지대 옆은 가시연 천국이 된다. 고서점에서 가끔 희귀본을 구하듯 오래된 늪에서 오랫동안 못 보았던 새나 곤충을 만나는 것은 큰 기쁨이 된다.

발바닥이 아플 정도로 걷다 보면 많은 소리를 들을 수 있고 많은 생물들과 만날 수도 있다. 당장 늪의 천국, 그 생명의 파티가 열리는 곳 우포늪을 찾아보자.

(2006. 4)

도농교류의 체험터로 각광

밥쌀용 외국쌀 수입 등으로 기로에 선 우리 쌀 산업에 빨간 불이 켜졌다. 정부도 어려움에 처해 있는 농촌에 새 활력을 불어넣기 위해 농촌 전통 테마마을을 적극적으로 육성하고 있다.

농촌 전통 테마마을이 활성화되기 위해서는 알거리, 먹거리, 볼거리, 놀거리 등 마을마다 차별화된 체험 프로그램 개발과 함께 이를 도시민에게 알릴 수 있는 농·도교류행사가 중요하다.

이와 관련 경향신문과 농·산·어촌 어메니티연구회가 도·농간 교류강화를 위해 어메니티 체험단을 운영하고 있다. 지난 4월 마지막 주말에 산청 남사 예담촌을 다녀왔다.

'예담촌'이란 오랜 세월을 묵묵히 지켜 온 옛 담의 신비로움과 전통과 예를 중요시하는 이 마을의 단정한 마음가짐을 담아 가자는 의미에서 지어진 이름이다.

행정구역상으로 볼 때 청계를 가운데 두고 남사는 진주에, 상사는 단성에 속하였는데 그때 두 마을의 명칭이 같은 사월리였다고 한다. 1906년에 와서 진주의 사월면이 산청군으로 편입되면서 남사도 단성군 사월면으로 산청에 속하게 되었다가 다시 1914년에 단성군이 단성면으로 격하되어 산청군에 통합될 때 두 마을은 단성면에 속한 남사마을과 상사마을로 분리되었다.

배움의 휴식터 경남 산청 남사 예담촌의 전경

남사마을에서는 수많은 선비들이 태어나 서당에서 공부하여 많은 수가 과거에 급제하여 가문을 빛내던 학문의 고장으로, 공자가 탄생하였던 니구산과 사수를 이곳 지명에 비유할 만큼 예로부터 학문을 숭상하는 마을로 유명하다. 그 이름의 변용은 사양정사, 이동서당 등의 서재 명칭에서도 찾아볼 수 있다.

그런 까닭으로 남사 예담촌마을은 옛날부터 양반마을로 또한 전통 한옥마을로 유명하다.

전통가옥이 하루가 다르게 사라져 가는 요즘 평범하게 살아가면서 전통가옥을 보존하고, 일부러 찾는 사람들을 따뜻하게 맞아 주는 지리산 초입의 이 작은 마을은 유난히 정감 있고 고풍스럽다. 더구나 해묵은 담장 너머 엿볼 수 있는 우리 조상들의 정서와 삶의 모습을 아직까지도 고스란히 간직하고 있다. 특히 남사 예담촌에는 알거리, 먹거리, 볼거리, 놀거리 등이 넉넉하다.

먼저 알거리로는 배움이 있는 체험터가 있다. 농촌 전통 테마마을로 지정된 남사 예담촌은 고즈넉한 담장 너머 우리 전통 한옥의 아름다움을 엿볼 수 있다. 표면적으로는 옛 담 마을이라는 의미를 담고 있으며, 내면적으로는 담장 너머 그 옛날 선비들의 기상과 예절을 닮아 가자는 뜻을 가지고 있다.

한옥은 수천 년의 우리 역사 속에서, 우리 민족의 정체성에 뿌리를 두고, 그 시대의 삶의 양식을 반영하며 변화해 왔다. 한 민족의 문화가 전통을 바탕으로 하여 현재를 딛고 미래로 이어지는 것이라면, 그 변화는 언제나 현재 진행형이어야 할 것이다.

농촌 전통 테마마을 남사 예담촌은 변화하는 현재 속에서 옛 것을 소중히 여기고 지켜 나가는 배움의 휴식터로 자리 잡아가고 있다.

고즈넉한 담장 너머 우리 전통 한옥의
아름다움을 엿볼 수 있다

둘째, 먹거리로는 한방 음식, 양반김치, 곶감, 오갈피주, 산채정식 등과 메뚜기쌀, 토종꿀, 건고추, 딸기 등 특산품이 있다.

셋째, 볼거리와 놀거리로는 재미가 있는 체험터와 주변관광 테마체험이 있다. 즉 전통 삼굿놀이(돌무덤을 만들어 고구마, 감자를 구워 먹는 놀이), 매 꿀벌 갖기(지리산 토종 꿀벌 분양받기), 풍물 캠파이어(옛 가락에 맞추어 춤출 수 있는 신나는 캠프파이어), 예담촌 농사체험(철따라 농가 일손돕기), 전통공예체험(자연 염색 체험, 도자기 만들기 체험, 민속 이조가구 제작 체험) 등이 있다. 또 주변관광 테마체험으로 문익점 목면시배유지, 겁외사(성철스님 생가), 구형왕릉이 있다.

게다가 지리산 자락에서 경호강 래프팅과 페러글라이딩, 쉰질바위 암벽등반 등 산과 강, 하늘을 친구삼아 스릴만점 레저 스포츠를 즐길 수 있다.

가정의 달 5월, 역사와 얼이 담겨져 있고 한옥 풍경이 어우러진 전통문화와 예절의 배움터 그리고 놀이체험으로 가득한 남사 예담촌에서 특별한 추억을 만들어 보면 어떨까.

(2006. 5)

2장: 촌아! 날개를 달아봐

주말농장 · 1사1촌 운동 '녹색의 부활'

우리 농촌의 앞날이 불투명하다. 농촌인구의 고령화, 낮은 출산율 그리고 수입개방에 따른 국내농산물의 경쟁력 약화 등의 향방이 가늠되지 않아 농촌투자 무용론까지 제기되고 있다. 그 어느 때보다도 어려움을 겪고 있는 농촌이라고 한다. 진정 맞는 말인가? 한번 따져 보자.

농촌에서 여름방학 보내기

먼저, 농업인의 고령을 보자, 물론 도시보다는 고령인구가 많다. 그러나 농촌의 노인들은 주위에 소일거리가 있다. 그러기에 도시에 사는 노인들에 비해 상대적으로 건강하다. 힘은 들지만, 정성껏 농사지은 쌀이나 양념을 도시에 나가 있는 자녀들에게 철 따라 보내 준다. 부모로서의 역할을 떳떳이 하는 셈이다. 비록 육체적으로 힘들지만 사는 보람이 있다. 어떻게 보면 불쌍한 노년을 보내는 대접받지 못하는 도시의 노인들보다 희망이 있다.

농촌에는 낮은 출산율로 아이 울음소리가 끊어졌다고 한다. 그럼 도시에는 아이 울음소리가 많은가? 우리나라가 OECD 국가 중에서 출산율이 가장 낮다. 우리나라 여성 1인이 낳는 자녀의 수는 평균 1.2명이다. 이는 농촌만의 문제가 아니다. 전 국민이 함께 고민해야 할 일이다.

요즘 농촌사랑운동의 일환으로 1교1촌 운동이 확대되면서 농촌체험을 희망한 도시아이들이 늘고 있다. 진정 아이들이 농촌으로 필요로 하고 있다. 그러기에 희망이 있지 않은가.

한편으로 수입개방에 따른 국내농산물의 경쟁력 약화로 그 어느 때보다도 어려움을 겪고 있는 농업이다. 아울러 웰빙 식탁을 추구하는 사회적 흐름은 농업의 분야별 전문화로 이어져 농업인의 빈익빈 부익부 현상을 가중시키고 있다. 그렇다고 농촌에 희망이 없다고 할 수 있는가. 아니다. 농사로도 연간 1억 이상의 소득을 올리는 농업인도 많다는 자체만으로도 희망이 아닌가?

외형만으로 평가한 '농촌투자 무용론' 잘못

이제 눈을 크게 뜨고 농촌의 속 내부를 들여다 보자. 외형적인 문제로 농촌투자 무용론을 제기하는 것은 잘못이다. 농촌도 사회의 변화와 흐름을 읽으면서 희망요소를 찾기 시작했다. 한마디로 과거 녹색혁명을 주도했던 새마을운동의 불씨가 다시 살아나고 있다. 예컨대 국민들 가운데서 농업·농촌을 생각하는 사람들이 점차 늘어나고 있기에 농촌에는 희망과 꿈이 있고 농업인에게는 용기가 솟아나는 그런 사회의 흐름들이 여기저기 나타나고 있다.

특히 농협과 언론을 중심으로 시작된 1사1촌 운동이나 손바닥만 한 주말농장 분양현장도 찾아오는 도시민들로 붐비고 있다. 새로운 가능성을 읽을 수 있는 국민의식의 변화들이다.

이에 화답하듯 농촌의 마을에도 고품질 특산물을 만들고 있다. 도회지로 떠나간 사람들을 받아 줄 황토방 민박도 만들어 놓았다. 오라. 농촌으로! 봄, 여름, 가을, 겨울, 농촌의 푸짐한 밥상을 차릴 수 있는 인심이 있다. 또 농촌사람들 손으로 가꾼 고향 맛이 듬뿍 베인 쌀과 과일·채소들이 농촌사람의 인심으로 포장되어 그대들 사는 아파트 문 앞에 노크할 것이다.

그래서 농촌은 희망이 있다. 농촌의 희망은 과거 새마을운동의 기적을 다시 일궈 낼 것이다. 스스로에게 농촌에 희망이 있냐고 물어보자.

그리고 "예"라고 대답하자.

(2005. 8)

펄떡이는 물고기처럼 활기찬 농촌을

어릴 적 우리 마을은 공동우물을 사용했고, 마을길은 모두 비포장이었다. 골목골목마다 아이들이 웃고 떠드는 소리가 하루 종일 들렸었다. 그때 뛰어놀던 또래 아이들은 티 없이 맑고 천진해 보였었는데……

지금은 비포장 길은 찾아볼 수도 없고, 마을 앞에는 주차장이 사람들을 맞이하고 있다. 당시 뛰어놀던 아이들은 어느새 장성하여 자식을 둔 부모가 되었고, 이미 마을에는 젊은이보다 연로한 어르신들이 농촌을 담보로 살고 계신다.

달포 전 우리 아이들을 데리고 농촌체험마을을 갔다가 오랜만에 소달구지를 다시 탈 수 있었다. 트랙터와 경운기가 농촌 들녘과 산자락을 내달리는 요즘에 우연히 마주친 소달구지, 하지만 어릴 적에 느꼈던 쏠쏠한 재미와 추억 속 향기는 느낄 수 없었다. 아마 곳곳에 폐허가 된 빈집들이 시야에 들어왔기 때문일 게다. 고층건물에 갇힌 틀 안에서 하루 종일 있다가 오는 것보다 낫다고 생각했는데, 시대 조류에 역행하여 하루를 보내는 것이 이렇게 아픔인 줄을 이제야 알 것 같다.

소달구지 농촌시절

　사람의 손길이 닿지 않는 빈집 지붕들은 허물어져 내리고 제기차기를 즐겼던 마당엔 이름 없는 잡초들이 자리 잡고 있었다. 도시에서 생활하는 폐가 주인의 자녀들이 한여름에 잠깐 내려와 쉬어 가기도 하지만 대부분은 그냥 방치되고 있었다. 문제는 외지인들이 투기 목적으로 사 두었다가 그대로 방치하는 경우도 있다고 한다. 대부분의 농촌 마을이 비슷한 실정일 것이다. 한때 문제가 되었던 농촌의 폐교는 기업이나 대학의 연수시설로 사용되는 등 나름대로 활용방안이 나오고 있다.

　이제는 농촌도 펄떡이는 물고기와 함께 항해를 시작해야 한다. 예컨대 펄떡이는 생선을 파는 어시장의 생선상인들로부터 배운 단순한 교훈들을 독창적으로 실제상황에 응용함으로써 우리들의 일터에 놀라운 변화를 창조했듯이, 'FISH! 철학'으로 날마다 새로워지기! 생생

펄떡이는 물고기처럼

한 농촌 만들기! 연주가 필요한 때이다.

한편 농업은 자연과 직접 관계를 맺으면서 인간에게 가장 중요한 식료(食料)를 생산하는 산업이다. 때문에 환경과의 조화가 기본이다. 이처럼 농업은 근본적으로 자연과의 밀접한 관계가 있고, 그 농업을 기본산업으로 하는 농산촌은 도시인에게 매력이 있는 곳이다.

토머스 모어의 소설인 '유토피아'는, 농촌과 도시가 결코 따로 존재하는 것이 아니며, 나아가 농촌이야말로 축복받은 땅임을 그리고 있다. 예컨대 농산촌에서 2년을 지낸 사람은 농산촌에서 더 이상 살 수 없고, 의무적으로 도시로 들어가 살아야 한다. 이들이 떠난 농산촌에는 도시에서 2년 동안 살았던 사람이 와서 메우게 된다.

이때 농민과 도시민을 한꺼번에 교체하면 식량공급에 차질이 생길 수 있으므로 일부씩 순차적으로 교대하도록 한다. 이것은 누구나 오래 있고 싶어 하는 농산촌 생활을 특정인들의 전유물이 되지 않게 하려는 것인데, 계속 농업에 종사하고 싶은 사람은 특별허가를 얻어야 몇 년간 더 살 수 있다.

이 소설에서는 도시에 사는 것은 의무이고, 농산촌에 사는 것은 도시사람들이 누릴 수 있는 하나의 특권인 셈이다. 토머스 모어는 그 당시에 이미 오늘날 우리의 사회현상을 정확하게 예견한 것 같다. 모두가 농산촌을 버리고 도시로 떠남으로써 농촌 공동화(空洞化)에 따른 공업화와 도시 과밀화의 위기를 내다본 것 같다.

2005년 신규로 추진하는 농촌마을종합개발사업

470여 년이 흐른 작금의 한국 농산촌은 분명코 커다란 위기에 봉착해 있다. 토머스 모어의 예견대로라면 오늘날의 위기는 농산촌의 위기가 아니라 바로 도시의 위기라 해야 옳을 것 같다. 이제 극단적인 과밀화에 시달리며 살아가고 있는 도시민들 가운데 집단적으로 대도시 탈출 작전이 시작될 것이다. 이들은 왜 대자연 속에서 몸을 움직이고 땀을 흘릴 수 있는 장소를 찾고 있는 것일까?, 혹 농산촌에 무슨 매력이 있는 것은 아닐까?, 그렇다. 바로 매력이다. 나무와 풀, 새와 짐승, 이름모를 곤충과 들꽃 등 농산촌에서는 하찮고 무관심한 것들이 도시인들에겐 색다른 매력이요, 관심거리인 것이다.

이런 매력을 상품화시키기 위해서는 지역농업활성화 차원에서 전개되고 있는 농촌마을종합개발사업을 성공적으로 안착시켜야 한다.

이제 주사위는 던져졌다. 멈춰 있는 자동차를 움직이려고 할 때 처음에는 큰 압력을 가해야 하지만 일단 움직이고 나면 적은 힘으로 움직일 수 있는 것처럼 농촌의 삶의 질 향상과 도농 간 균형발전을 위한 각종 정책이 한국 농산촌의 매력을 되살릴 수 있는 계기가 될 수 있기를 간절히 소원해 본다.

(2005. 8)

'농촌 디지털명예혁명' 유비쿼터스 세상 연다

가을이 오는 소리

풀벌레 소리 안에 실려 오는 옅은 가을의 소리가 들려온다. 빨간 옷으로 갈아입기 위해 바삐 서두르고 있는 가을 나무들의 속삭임 소리, 개천에서 떼를 지어 시위하는 잠자리의 날갯짓 소리, 들녘과 야산에 꽃씨 알맹이가 영글어 가는 소리, 텃밭에서 빨간 고추가 탱글탱글하게 익어 가는 소리에도 가을 냄새가 물씬 묻어 있다. 엊그제 시골은 무더운 한여름이었는데 어느새 창밖에는 가을비가 촉촉하게 내리고 있다.

초등학교 5학년인 딸이 유비쿼터스에 대한 숙제를 해야 한다며, 도와 달라고 재촉을 한다. 가을의 문턱에서 유비쿼터스라, 정말 실감나는 숙제다. 왜냐하면 요즘 서울 신촌 지역의 역사가 바뀌고 있기 때문이다. 예컨대 IT 분야의 새로운 성장 동력으로 유토피아가 탄생되고 있다.

흔히 사람은 자신이 꿈꾸는 세계를 유토피아라 부른다. 이런 유토피아 실현을 위해 연세대학의 u캠퍼스 서비스를 시작으로 도로정보,

위치정보, 이벤트 정보, u-전자상거래 등 각종 서비스가 구축된다. 그리하여 신촌 인근을 첨단 유비쿼터스 타운으로 조성할 계획이다. 특히 u-캠퍼스는 사용자의 취향과 위치정보, 환경 등을 스스로 인지하고 특정 공간의 특정물건에 따른 맞춤형 서비스를 제공한다.

뒤질세라 농촌에도 도농 간 균형발전차원에서 한국유비쿼터스 농촌포럼이 지난 3월 29일에 발족되었다. 이것이 진정 농촌의 명예혁명이다. 정말 흐뭇한 일이다. 명예혁명이란, 1688년 영국에서 일어난 시민혁명을 이른 말이다. 유혈(流血)사태가 없었기 때문에 이런 명칭이 붙게 되었다.

영국의 시민 혁명기에 활동한 존 로크에 의하면, 사람은 자연 상태에서 누구나 자신의 소유물과 신체를 처리할 수 있는 완전한 자유를 누리며, 누구나 똑같은 권리를 누리는 평등한 존재라는 것이다. 여기서 자연 상태는 방종의 상태가 아니며 모두 평등하고 자립적으로 존재해야 한다는 것이다.

오늘날 영국을 유럽 최고의 국가로 우뚝 서게 한 것은 명예혁명이라는 시민 혁명의 결과물이라고 해도 과언은 아니다. 왜냐하면 명예혁명의 실체인 '양보(배려)와 평등'이 결국 승리했기 때문이다.

도시 · 농촌 평등한 혜택……영국 명예혁명 '일맥상통'

때맞춰 농촌사랑운동 일환으로 농촌에 디지털 명예혁명이 일어나고 있다. 이는 농촌과 도시가 양보(배려)를 통해 평등한 혜택을 누리는 유비쿼터스 세상을 열어가자는 뜻에서 17세기 영국에서 일어난 명예혁명의 실체와 일맥상통한다.

최근 몇 년간 우리나라는 세계 초고속인터넷 보급률 1위를 기록하며 정보기술(IT) 강국으로 도약했다. 농촌도 배려의 대상이 되었다.

정보화 마을전경

정부와 지자체의 노력으로 전국농가의 33%인 42만 가구에 컴퓨터가 보급됐고, 50가구 이상인 마을에는 초고속인터넷 인프라가 구축됐다.

하지만 아쉽게도 우리 농촌의 정보화 현실은 이러한 외형적 성과와는 차이가 있다. 농업인 20% 이상이 회갑을 넘긴 고령층이다. 청년층이 없다 보니 컴퓨터가 있어도 무용지물이다. 인터넷이 있어도 극히 일부만 이용하고 농촌마을 소득증가와 연결되는 경우도 극소수다.

유비쿼터스 시대를 앞두고 도농 간 정보화 격차가 심각한 사회문제로 대두하고 있는 작금의 상황에서 농촌 정보화를 위해 보다 실질적인 방향을 찾아야 할 최적기이다.

따라서 농촌 정보화는 고령자 복지와 농촌의 소득창출이라는 두 마리 토끼를 잡는 심정으로 추진돼야 한다. 우리나라가 아무리 IT강국의 위상을 세계에 떨치더라도, 농촌은 유토피아의 발원지요. 우리의 자연이 숨 쉬고 있는 진원지라는 사실을 잊어서는 안 된다.

앞으로도 1사1촌과 1교1촌 운동을 통한 농촌사랑은 물론, 농촌에 대한 배려와 양보를 통해 정보격차 해소를 위해 노력하는 한편 도시와 농촌이 평등한 혜택을 누리는 유비쿼터스 세상을 열어 가야 한다.

이것이 영국의 명예혁명이 우리에게 주는 교훈이다. 그리고 도시와 농촌이 함께 진정한 유비쿼터스를 만드는 길이다.

(2005. 8)

친환경 농업·소농 '블루오션' 찾아라!

올 가을에는 세계적으로 '블랙 패션'이 유행할 것이라고 한다. 경기가 호황일 경우에는 밝은 색깔의 옷을 입지만, 경기가 불황일 경우는 어두운 색깔이 주류를 이룬다고 한다. 이 같은 관점에서 본다면 올 가을 세계경제의 전망은 어둡기만 하다. 이런 비관론을 낙관론으로 바꾸기 위해, 요즘 블루오션 전략이라는 새로운 코드가 경영의 화두로 떠오르고 있고, 어디를 가든 블루오션 열풍은 뜨겁다.

그리하여 자칫 우울해지기 쉬운 비관적인 분위기기가 한결 부드럽게 바뀌면서 자연스레 블루오션 확산에 대한 토론이 활성화되고 있다. 이런 분위기는 급기야 보수적인 농업계로까지 확산되고 있다.

하지만 블루오션에 대한 회의적인 시각도 만만치 않다. 블루오션이 일정 기간 소득을 창출할 수도 있지만, 유효기간이 지나면 다시 레드오션으로 변할 것이다. 이것이 블루오션의 한계다.

그렇다고 '블루오션'이라는 시대적 패러다임을 거부할 수는 없다. 그런 의미에서 요즘 어려움을 겪고 있는 농업·농촌을 조명해 보자. 비교우위의 경제학 행간에 눌려 농산물개방이 현실화된 입장에서 수입개방에 대한 농업인의 분노는 어쩌면 당연하다.

예컨대 농산물 개방 확대로 대부분 농업인이 영농에 대한 자신감을 상실해 가고 있고, 지구를 살리는 초록농촌이 활력을 잃어 가고 있다.

하지만 농촌은 어떠한 일이 있어도 지켜야 한다. 천 년을 두고 만 년을 두고 변치 않는 진리, 농업은 생명이라는 것이다.

따라서 우리의 생명을 지키기 위해서라도 농업부문에 블루오션 전략이 필요하다. 물론 블루오션이든 레드오션이든 그 자체로는 성과를 보장하지는 못한다. 왜냐하면 앞으로 상호간 따라잡기와 벗어나기의 경쟁게임이 치열할 것이라는 것은 불을 보듯 뻔한 사실이다.

그렇다면 농업경영에 어떠한 전략이 필요한가? 바로 농업·농촌 '거꾸로 보기'이다.

얼마 전『거꾸로 읽는 세계사』를 읽은 적이 있다. 이는 19세기 말부터 20세기 중엽까지의 일어났던 현대사에 관한 책이다. 여기서 '거꾸로'란 기존의 관점과는 다른 시각으로 역사를 보았다는 의미이다.

고향집 거꾸로 보기 사진

그런 의미에서 코페르니쿠스적 발상이 필요하다. 북극에 떠 있는 빙산을 보자. 90%가 물속에 잠겨 있고 10%만이 물 위에 모습을 드러내고 있다. 여기서 미래자산은 물속에 잠겨 있는 90%의 빙산이다. 그동안 겉으로 드러나지 않고 활용하지 않은 90%의 블루오션을 어떻게 활용하느냐에 달려 있다. 배우지 않았던가? 에디슨의 99%의 땀과 1%의 영감을.

발상전환 - 고향음식점 사진

  이제부터 농업·농촌도 거꾸로 보자. 덩치가 큰 대농(大農)보다 발상전환이 빠른 소농(小農)이 승리할 수도 있다.

  따라서 한국농업의 핵심역량인(Core Competence) 친환경 농업이나 소농의 강점에 걸맞은 성공공식을 찾아서 이에 대한 다양한 장치를 마련함은 물론 이에 따른 선택과 집중이 필요하다. 하지만 빠른 발상

전환 때문에 농업에 대한 기본적인 절대 가치를 포기해서는 안 된다
는 것도 염두에 두어야 한다.

앞으로 블루오션 시장에서 따라잡기와 벗어나기의 불꽃 튀기는 치
열한 경쟁이 시작될 것이다. 우리 모두의 작은 발상들이 하나하나 모
여 머지않아 블루오션 시장에서 힘찬 불꽃으로 타오를 수 있도록 최
선을 다해 보자.

(2005. 9)

'농업부활의 희망' 흙 속에 있다

　어릴 적 고향마을에 하얀 눈이 내리면 동구 밖에 뛰쳐나가 눈사람을 만들었다. 동생보다 눈사람을 크게 만들기 위해 열심히 눈을 뭉치고 굴리다 보면 하얀 눈 아래 묻혀 있는 검정 흙이 묻어나와 눈사람을 망쳐 놓곤 했다.

생각해 보면 사실 흙은 원래부터 존재했던 것이고, 겨울과 함께 찾아온 눈이 흙이라는 본질을 덮어 버린 것이다. 하지만 사람들은 겨울 눈을 좋아할 뿐 덮어 버린 흙은 외면해 버린다. 사실 세상에 존재하는 흙이 진실이라면 그것을 덮어 버린 고정관념, 편견, 오해 등이 눈일 것인데, 보기에 좋은 하얀 눈에만 관심을 둔다. 그런 의미에서 흙의 진실을 파헤쳐 보자.

흙은 생명의 근원이고 우리 삶의 터전이며, 우리 농업의 바탕이다. 흙은 생명체로서 한줌의 흙 속에는 수천 수억의 토양미생물이 살아 숨 쉬고 있다. 그리고 흙을 바탕으로 식물도 자라고 사람도 살아간다.

어쩌면 사람과 흙은 서로 나누어져 있는 것이 아니라 하나를 이루는 인토불이(人土不二)다. 때문에 흙이 병들면 사람도 병약해진다. 병든 흙은 삶의 터전을 황폐화시키고, 그 흙에서 난 농산물은 우리의 몸을 해치게 된다.

또한 흙은 오곡백과를 생산하여 우리를 먹여 주고, 섬유를 만들어 우리의 몸을 보호해 주며 나무를 키워 우리의 삶의 자리를 마련해 준다. 우리가 살아 숨 쉴 수 있는 것도 흙이 식물을 키워 산소를 생산해 주고, 뭇 동물이 쏟아내는 온갖 배설물과 쓰레기를 분해해 우리의 환경을 깨끗이 정화해 준다.

그뿐만 아니다. 이 세상의 모든 만물은 흙이 베풀어 주는 은혜 없이는 존재할 수 없다. 흙은 '생명의 어머니'이다. 따라서 흙이 생명체로서 살아 있어야만 모든 만물이 비로소 소생을 하고, 인간에게 밝고 쾌적한 미래를 보장해 준다.

절대로 상대를 기만하지 않는 진실한 흙, 두 쪽의 씨앗을 뿌리면 가을에 열배 백배로 보답하는 흙, 사람의 발에 짓밟히지만 동시에 자신을 짓밟는 사람을 떠받쳐 주는 흙, 흙은 이토록 진실하고 겸손하며 모든 사람에게 양식을 제공하고 생명을 유지시켜 준다.

또한 흙 속에 뿌리박은 민들레에서부터 이름 모를 나무에 이르기까지 진정 고향은 흙 속일 게다. 흙이 몸이 되고 물이 핏줄이 되는 자연의 일원으로 이 이름 모를 초목들도 사람과 함께 살아온 것이다.

　옛날 조상들은 농사일 때문에 비가 와도 걱정, 안 와도 걱정, 날씨가 추워도 걱정, 더워도 걱정이었지만 결국엔 자연의 섭리로 알고 슬퍼하거나 노여워하지 않았다. 왜냐하면, 흙의 진리를 알고 있었던 까닭이다. 그런 의미에서 춘원 이광수도 '흙'에서 진리를 찾았을 것이다.

　겉으로 들어나 있는 흙의 주제는 파탄지경에 처한 농촌을 조금이라도 되살리기 위해서는 지식인의 농촌계몽이 필요하므로 지식인들은 농촌계몽을 위해 투신해야 한다는 것이다. 주인공 허숭을 비롯한 김갑진, 윤정선 등 중심인물들 모두가 우여곡절을 거쳐 결국에는 농촌계몽운동의 전선에 몸을 던지는 것으로 전개됨으로써 이 같은 주제가 뚜렷이 표출되었다. 그러나 이뿐이 아니다. 이 같은 주제의 안쪽에는 자기희생정신에 바탕을 둔 순결한 도덕적 의지를 통한 대아의 실현이라는 속뜻이 숨어 있다. 여기서 순결성과 열정이 "흙"의 전개를 주도하는 기본 동력이다. 『흙』에는 김갑진 이건영 윤정선 등 높은 교육을 받은 지식

인들임에도 돈과 성욕을 좇은 타락한 향락생활에 젖어 있는 인물들이 무더기로 등장, 허숭의 삶이 대변하는 이같이 순결하고 열정적인 도덕적 의지와 대비되어 있다.(이광수의 『흙』 중에서)

앞으로 흙을 살리고 지키는 일은 현대인에게 부과된 매우 중요한 과제이다. 하지만 지금 현대인의 삶에선 누구와 함께 살아가고 있는 가? 이미 젊은이들은 농촌과 농업이라는 이름을 잃어버렸다. 농업인들 도 희망을 잃어버리고 있다. 하지만 흙 속에서 희망을 찾자.

흙은 움트는 새싹 앞에서 갓난아기 키우는 어미다. 흙은 말라비틀 어지거나 벌레 먹은 줄기와 잎과 열매 앞에서 애가 찾는 어미다. 흙 은 잎새가 비록 무성하여도 가뭄과 장마가 아니어도 마음 못 놓는 어 미다. 흙은 잘 익은 열매를 거두고도 근심 많은 어미다. 그래서 인간 은 흙에서 왔다가 흙으로 돌아가는 모양이다.

이래도 보기 좋은 하얀 눈에만 관심을 가질 것인가? 아니면 매사 짓밟았던 흙을 재차 짓밟을 것인가? 한번 물어 보고 싶다.

(2005. 9)

수입태풍 '정보화지킴이'로 거뜬

타이타닉이라는 거대한 태풍이 태평양을 건너 먹구름을 몰고 서서히 우리 쪽으로 불어온다는 뉴스를 들으셨나요? 태풍의 크기가 유럽과 남미를 지나 한반도까지 이어지는 회오리 전선으로 온 세상이 불안에 떨고 있습니다.

대한민국 국민여러분! 지금 즉시 긴급대피를 하여야 합니다. 비상식량을 챙겨서 대피소로 이동하시기 바랍니다. 이것은 훈련이 아닌 실제상황입니다. 다시 한 번 강조합니다. 실제상황입니다.

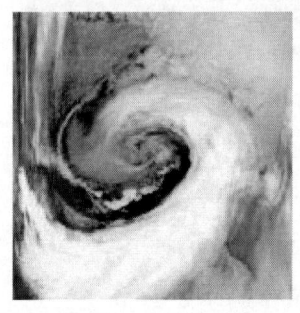

나비태풍의 모습

이렇게 뉴스가 방송된다면, 우리는 어느 대피소로 가야 하는가? 이미 망망대해 세계화 물결 위에 떠 있는데, 태풍이 온다하여 잠시 대피할 수 있는 우리의 항구는 없다. 있다 한들 항구에 도착하기 이전에 사나운 바람과 파도에 휩싸일 것이다.

그런 의미에서 한국 농촌 속을 들여다 보자.

사나운 폭풍우 때문에 한국농업이 침몰직전으로 내몰리고 있다. 마치 타이타닉호가 빙산을 목전에 두고 헤쳐 나갈 방도를 찾지 못하는 경우와 같다. 매년 풍년은 약속처럼 찾아오는데 팔 수 있는 시장은 줄어들고 있다. 농산물의 수요가 둔화되고 있고, 밀려드는 수입 농산물은 우리의 들녘을 빼앗아 가고 있다. 과연 빼앗긴 들녘에 봄은 올 것인가? 농업의 미래는 불확실하기만 하다.

설상가상인가? 농촌의 미래에 희망을 걸 수 없다면 빨리 포기하는 것이 좋다는 주장도 솔솔 제기되고 있다. 문제는 시장실종, 미래에 대한 기대실종, 농가들의 자신감 실종 이른바 3대 위험증상이다. 특히 농업소득은 10년 전부터 바닷가 꽃게처럼 옆으로만 가고 있다.

정보화마을 사람들   주민정보화 교육장면

하지만 희망이 있다. 태풍뉴스에도 겁먹지 않고 싸울 채비를 하고 있는 사람들이 있다. 이름 하여 농어촌 정보화마을 사람들이다. 농촌이 붕괴되고, 어촌이 무너져 간다는데도 정보화로 무장한 농어촌 지킴이들은 풍전등화 전선에서 사수하겠다는 각오를 보여 주고 있다. 정말 장하다. 분명 기적이 있을 것이다. 거대한 타이타닉호가 나비가 되어 정보화마을에 나비효과를 불러올 것이다. 어떻게 희망이 있는지 '나비의 효과'를 만들어 낸 로렌츠를 만나 보자.

로렌츠는 자신의 발견을 "아마존 정글에 있는 나비의 날갯짓이 미국 텍사스주에 태풍을 가져올 수 있다"는 말로 정리해냈다. 로렌츠의 이 같은 발견은 나비 효과(butterfly effect)로 불리면서 복잡한 현대 사회를 분석하는 중요한 도구로 사용되고 있다.(안종배의 『미래의 창』 중에서)

나비효과 '디지털 마케팅'으로 농촌시장 폭풍

　정보화마을의 나비효과는 디지털 마케팅의 작은 날갯짓으로 농촌시장에 엄청난 폭풍을 일으킬 것이다. 반면 빙산이 있다는 뉴스를 듣고도 싸울 채비를 하지 않은 거대한 타이타닉호 속으로 들어 가 보자.

　바다의 궁전이라 불리던 호화여객선이 처녀항해를 위해 서샘턴 항을 떠난 것은 1898년이다. 사상 최대의 웅장하고 화려한 이 정기 여객선에 탄 돈 많은 선객들은 미국으로의 여행을 즐기고 있었다. 그러나 이 배는 목적지에 도착하지 못했다. 빙산에 부딪쳐 선체에 구멍이 뚫려 침몰하는 바람에 많은 사람이 죽었다.

　타이타닉호의 비극은 건조되기 전부터 잉태되었다고 역사가들은 말하고 있는데 항공운송의 막이 열리지 않았던 시대, 대서양 운송은 타이타닉호를 만든 화이트스타 라인과 큐나드 라인 등 2개 회사가 경쟁하고 있었다.

그런데 큐나드 라인이 세계 최고속도를 자랑하는 신형 여객선 루지타니아호를 건조한다는 소식에 접한 화이트스타 라인은 이에 뒤질세라 부랴부랴 타이타닉호를 만들게 되었다. 이렇게 타이타닉호는 대서양 운송의 기선을 뺏기지 않으려는 경쟁심에서 태어나게 된 것이다.

1912년 4월 10일 영국의 사우스햄프턴을 출발 시 선주 브루스 이스메이도 타이타닉호에 동승하였다. 그리고는 "최단 시간 내에 뉴욕에 도착해야 한다"고 에드워드 스미스 선장을 몰아 붙였다. 예년에 비해 기온이 현저히 낮다는 기상보고도, 항로상에 빙산이 적지 않게 발견되고 있다는 다른 선박들의 무선연락에도 불구하고 배는 최고속도로 달렸다.

심지어 빙산에 충돌한 운명의 밤에도 안개가 잔뜩 끼었는데 관측을 맡은 선원은 망원경도 갖고 있지 않았다고 한다. 이만하면 타이타닉 침몰은 예견된 사고 아니었을까?(영화 <타이타닉> 중에서) 그런 의미에서 농어촌의 디지털농업을 선도하는 정보화마을은 분명 태풍의 정복자가 될 것이다.

(2005. 9)

농촌학교 바로 세워야 농업이 산다

시공간을 초월해 언제 어디서나 무엇과도 즉시 접속이 가능하다는 유비쿼터스 세상이 현실화되고 있다. 예컨대 우리의 모든 일상이 네트워크로 연결되는 상태가 되면, 누구나 편하게 정보에 접근할 수 있는 멋진 세상이 되겠지만, 잠시 넋을 놓고 지내면 책방 속에 책들이 무슨 소리를 하는지 알아먹지 못할 때가 많다. 더 큰 문제는 세상이 급변할수록 망각의 속도 또한 빨라진다는 사실이다.

그런 의미에서 농촌교육현장을 바라보자. 요즘 무너져 내리는 농촌학교의 징표들이 여기저기 나타나고 있다. 하지만 모두들 바빠서 외면하고 있다.

열악한 교육환경 영향 인구유출 · 폐교 악순환

붕괴위기에 놓인 농촌학교, 열악한 교육환경으로 인한 인구 유출, 폐교 사태, 복식수업 확대라는 악순환이 농촌 공동체의 근간을 흔들고 있다. 앞으로 도시로 나가는 아이들의 행보가 더 빨라질 것이라는 것은 불을 보듯 뻔하다. 급기야 정부가 대책을 강구하기 위해 발 벗고 나섰다.

학교 가는 길

그러나 교육예산 측면에서 학생 수와 비례하여 지원한다는 경제논리가 도입되면서 정부도 한계점에 봉착하고 있다. 반면 위기가 기회라고 했던가. 해체위기에 놓인 농촌학교에 희망의 싹을 틔우고 있는 농촌지역 학교들이 있다.

서천 동강중학교는 외국어 특화 교육을 도입하여 '작지만 강한 학교'로 부활을 예고하고 있다. 예컨대 농촌학생들이 가장 목말라하는 외국어 부문을 특화해 보자는 취지로 외국 학교와 학생을 맞교환하고 홈스테이 형식의 국제 교환 장학생 프로그램을 마련하여 농촌교육 희망 찾기에 도전하고 있다.

양평 조현초등학교는 재작년에 경기도교육청의 돌아오는 농촌학교로 지정된 이후 학교 안에 컴퓨터, 가야금, 한국화, 피아노, 영어, 스포츠댄스, 골프, 사물놀이 등의 과정이 개설되어 아이들 모두 좋아하는 분야에 푹 빠져 있다.

대부분 학교 고학년생 없어……교사들도 농촌근무 기피현상

하지만 대부분 농촌지역 초등학교에는 고학년생이 없다. 면단위 초등학교는 고학년생들이 읍내 초등학교로 전학을 가서 없고, 상대적으로 교육여건이 나은 읍이나 중소도시 소재 학교는 중학교 진학을 위해 다시 대도시로 옮겨 가는 학생들이 증가하고 있다. 설상가상으로 교사들의 농촌근무 기피현상과 예산문제로 뾰족한 해법이 없어 보여 답답하기만 하다.

이러한 변화의 소용돌이 속에서 시골학교 교사와 농촌 학부모만을 탓할 수 있으랴. 이 모든 것이 죽을 만큼 어렵다는 치열한 우리사회의 반영인 것 같다. 과거 시골학교 운동장에 옹기종기 모여 앉아 서로서로 어깨동무하고 청군 백군을 응원하며 하나가 되었던 가을운동회가 그립다.

그런 의미에서 올 가을엔 꺼져 가는 농촌학교에 잠시나마 애정을 가져 보자. 젊은 사람들이 농촌으로 돌아오고 싶어도 아이들의 교육을 책임질 학교가 없다면 불가능한 만큼 농업문제 해결의 출발점을 교육에서 찾자.

(2005. 10)

김치 품질 · 맛 '업' 세계화 발돋움

우리의 전통식품인 김치가 2007년부터 공식적으로 국제상품명을 달게 된다.

이번 김치 공식명칭 등재는 대한민국 전통발효 식품 중 최고인 김치의 위상을 세계시장에서 당당하게 선보이는 것으로서 수출증대와 더불어 수출농가에 한층 도움이 될 것으로 전망하고 있다.

김치담그기

또 우리나라 진해 웅천지역 김치가 러시아 수출 길에 올랐다는 내용도 보도됐다. 동북아시대에 걸맞게 진정 한국 김치의 날갯짓이 러시아 김치시장에 돌풍을 예고하는 듯하여 가슴 뿌듯한 자긍심마저 생긴다.

김치도 식품부문 한류열풍 주역 부상

특히 김치는 우리 식탁에 반드시 있어야 밥을 제대로 먹었다고 할 만큼 소비자의 구매욕구가 강한 식품이다. 아울러 우리 국민의 건강 유지에 필수적인 발효식품이다. 세계의 어떤 식품도 입 안에 침이 고이도록 고유의 풍미를 느끼게 할 수는 없다. 그래서 외국에 나가면 가장 그리운 식품이 바로 김치다.

세계인들도 점차 우리의 김치에 대한 관심이 높아지고 있다. 외국인 중에서도 이제는 먹어도 먹어도 질리지 않는 게 김치라고 서슴없이 대답하는 사람들이 늘고 있다. 김치는 우리의 자존심의 하나로서 식품부문에 한류열풍의 주역이 되고 있다.

특히 한국김치가 사스 예방효과가 있다는 영국기사가 나왔을 때는 모든 사람들이 김치를 찾았었다.

그런데 요즘 중국산 김치에 이어 국산 김치에서도 기생충 알이 검출됐다는 발표가 있었다. 설마 했던 사람들도 우려가 현실로 나타나자 몹시 당황하고 있다. 1992년 중국과 수교한 이후 우리나라 관광객이 한 해 20만 명 넘게 중국을 찾고 있지만 최근 김치 파동으로 무역마찰 조짐까지 보이고 있어 매우 걱정스럽다.

식약청은 기생충 알이 검출된 16개 제조업체의 재고 물량을 압류하고 해당 업체에서 생산되는 제품에 대해선 반드시 기생충 알 잔류 여부를 검사, 적합한 제품만 유통되도록 조치했다고 한다. 하지만 중국과의 감정 대립을 떠나 순리적이고 합리적인 해법 도출과 더불어 내부단속이 중요하다.

식품안전 엄격한 기준 제시……법제화돼야

이를테면 김치 같은 주요 식품의 기준은 훨씬 엄격하고 구체적으로 정해야 한다. 특히 현재 식품위생 기준을 다루고 있는 식품위생법에는 수입식품에 대한 기준치 등이 따로 들어 있지 않은바 유해식품이 더 이상 식탁에 오르지 못하도록 식품안전기본법이 만들어져야 한다.

이와 함께 유해성분에 대한 허용치 기준을 조속히 마련해 검역단계에서 철저히 불량 농수산물을 가려내고 원산지 표시제를 강화해야 한다. 또한 시범적으로 실시하는 농축수산물 이력추적시스템을 대폭 확대하는 한편 농산물 불법 유통에 대한 감독 강화와 엄격한 제재가 필요한 시점이다.

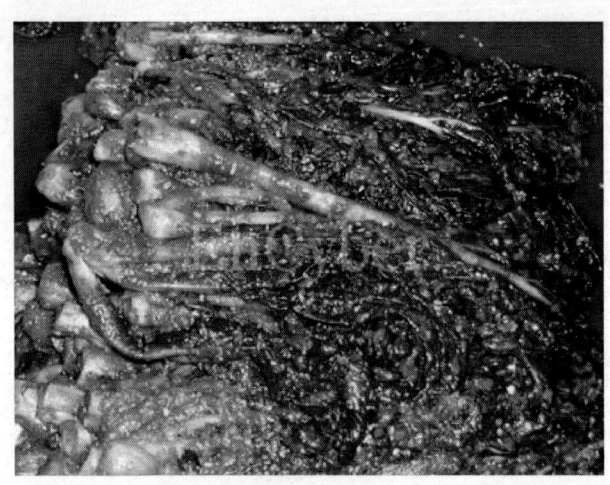

싱싱한 갓김치

아울러 이번 김치파동의 위기를 타산지석으로 삼아 한국 김치의 세계화를 위한 다음과 같은 노력이 필요하다.

첫째, 우리도 일본처럼 세계시장에 독자적인 식품안전연구소를 설립하고 별도 연구센터를 운영해야 한다. 그리하여 파종·수확·가공까지 단계별로 꼼꼼히 검사하고 수시로 재배현장에 나가 안전성을 점검하는 것을 기본으로 삼아야 한다.

둘째, 김치를 기피하고 혐오하는 요인을 없애야 한다. 우리와 가깝다는 일본인조차도 김치를 싫어하는 가장 큰 이유는 마늘 냄새와 맵고 시고 짠맛이다. 실제로 그렇지 않더라도 김치가 내는 마늘 냄새와 맵고 짜고 신 냄새에 대한 강렬한 인상이 남아 있고서는 김치를 기피하고 혐오하는 벽을 넘기 어렵다.

김치 적극적으로 찾는 선호화 확장

셋째, 선호감 확장이다. 김치를 거부하지 않고 기피하거나 혐오하지 않는 것으로는 김치의 세계가 확장되기 어렵다. 김치를 수동적이고 피동적으로 받아들이는 것으로는 김치 세계의 자생적인 확장이 일어나지 않는다. 김치를 적극적으로 찾고 반복적으로 먹으며 김치를 새롭게 찾고 먹는 선호감 확장이 김치 세계화의 핵심이다.

넷째, 김치를 보관하고 장기간 먹는 경우 김치의 맛과 냄새가 배어 김치를 멀리하는 결과를 낳을 수 있는 여지를 없애야 한다. 즉 시간이 흘러도 김치의 풍미와 품격이 변함없어야 김치의 세계화가 가능하다.

(2005. 11)

불고기 · 갈비도 '한류열풍' 불어라

필자가 어릴 적엔 쌀밥 먹던 집이 그리 흔치 않았다. 너도 나도 어렵던 시기였고, 또 그 이전에는 더욱더 그러했을 것이다.

쌀밥 대신 보리밥 · 조밥 · 옥수수밥이 주류를 이루었고, 그것도 부족해 보리밥 찌던 검정 솥에 호박만 한 큰 고구마를 이곳저곳 쑤셔 넣고 밥을 지었던 그 시절엔 맛이나 취향보다는 무조건 양 많고 값이 싸면 제일이었다.

그러던 것이 경제적 여건이 차츰 나아지면서 본인의 기호와 입맛에 맞는 음식을 찾게 되었고, 그러한 욕구에 맞추어 다양한 음식이 나오게 되었다.

시간이 흐를수록 사람들은 누구나 최고의 건강수준을 유지하기 위해 새로운 먹거리 형태를 원하게 되었다.

예컨대 음식이 맛이 있다 해도 건강에 해로운 음식은 피하게 되고 건강에 좋은 음식이나 본인의 신체에 부족한 영양소를 채우기 위한 음식을 섭취하고자 하는 형태로 발전하였다. 그리하여 무공해식품 · 녹색식품 · 유기식품과 같은 친환경식품이 오늘날 식품의 키워드가 되고 있다.

이처럼 과거엔 먹거리가 배고픔을 극복하기 위한 수단이었다면, 이제는 양적 목표가 어느 정도 소기의 목적대로 달성됨에 따라 질적인 배려까지 병행하기에 이르렀다. 특히 요즘엔 안전 먹거리를 추구하는 참살이 열풍으로 인해 웰빙형 식품들이 다양하게 출시되고 있다.

지구촌 먹거리 세계화……각국 고유음식 사라져

아울러 지구촌 먹거리는 음식의 세계화로 인해 점차 각국의 특성이 희석되어 가는 조짐을 보이고 있다. 예컨대 세계식당이 무너지고 세계인의 식성이 무너지고 있다. 물론 그 나라 먹거리의 고유 특성 중 몇 가지는 결코 단기간에 없어질 수 없지만 그 비율은 날이 갈수록 점차 줄어들고 있다.

우리가 언제부터 햄버거와 스파게티를 먹었던가. 앞으로 우리가 외국음식을 접할 기회는 나날이 더해 가게 될 것이다. 이러한 현상은 유독 우리나라만 해당되는 게 아니다. 이웃 일본이나 중국에 가면 국적불명의 퓨전음식들이 매일같이 불티나게 팔리고 있고, 성도의 차이는 있지만 그런 현상은 전 세계적 추세인 것이다.

상하이 거리의 한국식당

한편 아시아에서의 서양음식은 이렇듯 하루가 다르게 퍼져 가고 있는데, 서양에서의 아시아음식은 그 속도가 상대적으로 너무 더디게 진행되고 있다.

또한 중식과 일식은 미국·유럽을 중심으로 확장일로에 있지만 우리나라는 마치 싱가포르나 홍콩과 같은 농업이 없는 나라로 보는 경우가 종종 있다. 즉 한국을 휴대전화와 자동차만을 판매하는 나라쯤으로 보고 있다는 것이다.

그러다 보니 우리 음식은 전혀 한 발자국도 진행하지 못하고 있는 현실이다. 단지 일본, 중국 내 북경, 상해, 인도네시아의 자카르타 일부에서만이 불고기와 숯불갈비 집이 성업 중이며 몇몇 가게가 호황을 누리고 있다.

분명한 것은 우리 음식에 한 번 맛을 들인 외국인의 대부분이 한식의 단골고객이 된다고 한다. 이들은 우리 전통식품인 김치와 고추장을 어떻게 먹는지를 알게 되었고 식당 밖에서도 우리 전통식품의 고객이 된다고 한다.

단순한 음식메뉴 싫증 유럽인 한식에 관심증대

특히 단순한 음식메뉴에 싫증난 유럽인과 미국인들이 아시아계 음식점을 찾는 경우가 점점 늘어가고 있다. 더욱이 월드컵 개최 성공 후 한국문화와 상품에 대한 관심증대와 일본 및 중화권 국가에서의 한류열풍은 시기적으로 지금이 한식의 세계화를 위한 좋은 기회임을 보여 주고 있다.

이제 세계 어느 나라든 우리가 진출하지 못할 시장은 없다.

지금이라도 시장개척 가능성을 방송매체나 정부기관에서 집중 관찰, 연구해 대국민 홍보에 나서야 하며, 그들 나라에 우리 국민이 큰 어려움 없이 진출할 수 있도록 각종 투자채널을 확보하고 국민의 투자나 관심을 고조시키는 데 앞장서야 할 것이다.

물론 내 집 앞에 식당 하나 차리는 것도 힘이 드는데, 지구촌 건너편 외국 땅에서 식당을 차린다는 것이 결코 쉬운 일은 아니다.

하지만 우리가 관심과 의지를 갖고 세계의 식당을 두드린다면 머지않은 장래에 한국 식당의 세계화 꿈은 이루어질 것이다.

(2005. 11)

농촌 희망 찾기에 국민 모두가 나설 때

동해 바닷가에 자리 잡고 있는 정동진은 예전 <모래시계>라는 드라마의 촬영지가 된 후 무척이나 유명해진 동해안의 관광지다.

어디를 가든 관광지 주변에는 관광객들이 기억이 될 만한 기념품들을 판매하는 곳들이 있게 마련이다. 특히 정동진 주변에는 무엇보다도 모래시계를 파는 상인들이 무척이나 많다. 아마도 드라마 촬영지의 영향 때문인 듯하다. 크고 작은 다양한 크기, 그리고 속에 든 모래의 여러 가지 색깔들이 지나는 손님들의 발길을 붙들고 있다.

지난 주말 사우나에 갔다가 모래시계를 다시 만날 수 있었다. 내가 가본 모든 사우나에는 일반시계 대신 모래시계가 있었다. 그때마다 <모래시계>라는 드라마가 문득 떠오르곤 했다.

추억 속 <모래시계>가 방영된 지도 벌써 10년이 흘렀다. 그런데도 모래시계 속에는 10년이 지난 오늘 내 가슴을 뭉클하게 해 주는 전율이 있다. 그 전율은 무엇일까. 다름 아닌 1분의 사랑과 여유다.

예컨대 모래시계가 수동식인 까닭에 일반 초시계보다 시간이 소모되는 느낌이 다르다. 느낌상 금방이지만 실제로는 오래간다는 느낌이 든다. 여기에 차분하게 생각할 수 있는 1분의 여유가 있다.

정동진의 모래시계

   이처럼 1분이란 시간을 어떻게 인식하느냐, 어떻게 활용하느냐에 따라 인생은 크게 달라진다고 한다. 눈앞의 1분을 제어할 수 없다면 인생 자체도 제어할 수 없다. 어떻게 해야 1분을 내 것으로 만들어 최대한 활용할 수 있을까. 혹자는 '그 짧은 시간에 뭘 한다고' 반문할 수도 있다.

   하지만 평소에 의식하지 못하는 1분이라는 시간을 유심히 살펴보면 1분 속 위대한 교훈이 있다. 예컨대 사람의 심장은 1분에 60~80회 정도로 뛰며, 뇌는 산소 공급이 1분만 안 되어도 치명적인 손상이 생긴다고 한다. 문제는 1분이라는 시간이 하늘에서 뚝 떨어진 시간이 아니라는 데 있다. 풍부한 경험만이 1분 노하우를 만들어 낼 수 있다.

그동안 전통적 식량생산의 터전이었던 농촌이 수입개방에 따른 국제경쟁력 약화와 쌀이 남아돌면서 새로운 소득원 창출이라는 과제가 발등의 불로 떨어졌다.

　농촌과 농업이 더 이상 식량생산이라는 단순기능에서 벗어나 도시민의 휴식공간으로, 전통 체험학습장으로, 도시와 농촌의 교류를 이어주는 네트워크를 통해 부가가치를 높이는 상생의 장으로 옮겨가기 위한 몸부림이 시작되고 있다.

　과연 농촌은 희망이 있는가. 도심으로 향하는 탈농촌행렬은 언제까지 지속될 것인가. 4700만 인구 중 농업인구가 350만 명으로 줄어들고 있다. 이는 거스를 수 없는 시대적 흐름의 역사적 과정이다. 하지만 우리에겐 희망이 있다.

　도심 속 초시계는 자동으로 돌고 있지만, 도농 간 균형발전이라는 큰 틀을 지키기 위해 '농촌 속 희망 찾기'와 '농촌사랑운동'을 범국민적으로 펼치고 있다. 아울러 적막강산으로 변해 가는 농촌의 아픔이 도시의 고통으로 다가온다는 사실을 전 국민이 깨닫기 시작했다.

농촌사랑

우리 농촌엔 모래시계가 돌아가고 있다. 다시 생각할 수 있는 1분의 여유가 있지 않은가. 서러운 노래를 부르기 전에 단 1분만 희망의 노래를 부르자. 농촌은 도시의 요람처요, 도심이 찾는 비상구요, 도시민의 심적인 고통을 치료해 주는 의료원이라는 사실을.......

그런 점에서 드라마 <모래시계>는 힘겨운 농촌에 희망적인 교훈을 주고 있다. 예컨대 우리의 일생을 모래시계에 담긴 모래라고 생각해 보자. 모래시계는 갑자기 많은 모래를 통과시키려 들면 구멍은 막히게 되고 고장 나고 만다. 서두르면 서두를수록 일은 더 엉키고, 더 늦어지는 경우를 많이 본다.

따라서 1분의 여유가 더욱 필요한 시점이다. 농촌은 민족의 뿌리요. 생명의 근원인 삶의 보금자리요. 민족경제를 지켜 나가는 파수꾼이라는 사실을. 그래서 우리 국민 모두는 농촌사랑운동에 동참하고 있다.

1분만 생각하자. 생각하는 동안 농촌을 향한 축복의 모래시계는 지금도 흘러내리고 있다. 모래시계를 파는 상인들의 뒤로 보이는 끝없이 펼쳐진 푸른 동해 바다처럼, 장대하고 아름다운 우리의 꿈과 소망을 안고서.

(2005. 11)

청국장, 지구촌 웰빙음식으로 만들자

인기 드라마나 영화의 경우, 그 촬영장소가 국내 관광객은 물론 해외 관광객들에게까지 주목을 끌고 있다. 이는 그동안 소외되었던 농산촌지역에 하나의 돌파구로서 인식되기 시작하면서, 각 지역을 개발하려는 움직임의 필요성을 증대시켰다.

하지만 아직도 지역농촌의 볼거리가 단순하다 보니 그 지역의 인기나 관광상품의 유행도 반짝하고 마는 경향이 있다.

이를 보완하기 위해서 선진국의 경우, 농가에서 직접 그 고장 특유의 치즈를 팔고 있고, 농가마다 수십 종에 달하는 포도주가 가정용 용기에 담겨 관광객에게 팔리고 있는 광경을 목격할 수 있다.

그런데 우리 농가의 실정은 그렇지 못하다. 식품가공은 식품관련 법령에 따라 엄격한 위생검사를 받도록 되어 있다. 이 위생검사를 받기 위한 시설을 갖추는 데만 1억 원 이상이 든다고 하니 농가에서 직접 가공판매하는 것은 현실적으로 불가능하다.

우리 농가에서 만든 청국장이 지구촌 사람들의 건강을 책임진다.

청국장은 우리 농가의 별미로 전통 식문화 대표

농촌의 경우 지역 실정에 대해선 그 지역사람들이 더 잘 알고, 마을 사정에 관해서는 마을 이장이 가장 전문가다. 청국장, 된장찌개, 취나물, 쑥국 등 전통 토산품들이 우리 농가의 별미로서 전통 식문화를 대표하고 있다.

이제는 농가도 자율적으로 수익을 낼 수 있도록 식품관련 법령을 재정비, 농가 스스로 자활할 수 있는 터전을 만들어 줘야 한다. 즉 각종 조림식품과 겉절이 등을 농가의 손맛으로 가공 포장해서 팔 수 있도록 허용해 주어야 한다. 그리고 위생검사는 그 지역 농가를 관할하는 시장·군수에게 맡겨야 한다.

우선 청국장부터 시도해 보자. 지난해 불황 속에서도 청국장과 청국장 제조기가 홈쇼핑 히트상품 대열에 오른 것만 보아도 그 인기를 실감할 수 있다.

건강밥상을 대표하는 청국장을 농가에서 만드는 법은 의외로 간단하다. 요즘은 가정용 청국장 제조기가 나와 있어 냄새 없는 웰빙 청국장을 손쉽게 만들어 먹을 수 있다.

먼저 메주콩을 18시간 정도 물에 담가 불린다. 이때 콩이 수분을 흡수하기 때문에 콩의 3배 이상 물을 넣어야 한다. 불린 콩이 연한 갈색으로 변하고 먹기 좋을 정도로 부드러워질 때까지 서너 시간 정도 푹 삶는다.

열탕 소독한 항아리나 그릇에 삶은 콩을 담은 뒤 볏짚을 구해 콩 위에 얹는다. 볏짚을 구하기 어려우면 시중에서 파는 청국장을 삶은 콩 위에 소량 넣어도 된다.

발효에 적절한 온도는 37~45도. 습도는 80% 정도로 맞춰 주는 게 좋지만 약간 습한 정도면 된다. 이때 적절한 온도 유지가 관건이다. 삶은 콩을 전기장판 위에 올려놓고 이불로 말아 놓는 방법이 유용하다. 2~3일쯤 지나면 특유의 냄새가 나며 콩의 표면이 발효돼 갈색이 진해지고 하얀 실이 생긴다. 그리고 청국장 발효기에 콩을 삶아 넣고 대략 24시간 정도 지나면 완성된 청국장이 된다.

냉동실에 보관하면 반년도 끄떡없어

발효시킨 청국장을 생으로 먹을 경우에는 별도의 가공 과정이 필요 없다. 하지만 찌개로 끓여 먹으려면 소금이나 양념을 첨가하는 과정이 필요하다. 우선 발효가 끝난 청국장은 나무주걱으로 고루 섞은 뒤 절구에 넣고 찧는다. 그런 다음 소금, 마늘, 생강, 고춧가루 등을 양념으로 사용한다.

청국장은 보관을 잘해야 맛있게 먹을 수 있다. 청국장을 실온에서 보관하면 신선도가 떨어지고 계속 발효가 진행된다. 청국장균이 번식 활동을 계속할 경우 악취가 발생해 먹지 못하는 상태가 된다. 상온에 방치할 경우 유통기한은 4~5일에 불과하다.

청국장은 냉장고의 냉장실에 보관하면 한 달 정도 보존이 가능하다. 장기간 보관하려면 냉동실에 넣어 얼리면 된다. 냉동실에서는 반년 정도 보관할 수 있다. 이때 한 번 사용할 분량만큼 랩으로 싼 다음 보관하면 편리하게 꺼내 먹을 수 있다. 냉장고 냄새가 배지 않도록 청국장을 랩으로 싼 후 비닐로 잘 봉하는 게 좋다.

냉동 보관한 청국장은 상온에 한두 시간 정도 두면 원래의 청국장과 동일한 맛과 향을 낸다. 간혹 냉동실에 장기 보관할 경우 청국장에 들어 있는 유익한 균들이 죽지 않을까 염려하는데, 걱정할 것 없다. 청국장균은 얼렸다 한 번 정도 녹여도 잘 죽지 않는다. 청국장을 그늘에서 바짝 말린 다음 믹서기에 갈아 분말로 만들어 두면 더 오래 보관할 수 있다.

음료에 넣어 믹서기로 갈아 마시면 건강음료

청국장은 우리 조상 대대로 주로 찌개 형태로 끓여 먹는 경우가 대부분이다. 하지만 청국장은 생으로 먹는 게 좋다고 한다. 청국장을 끓이면 그 속에 들어 있는 유익한 미생물과 효소가 대부분 파괴되기 때문에 생으로 먹을 때보다 효능이 떨어지기 때문이다.

특유의 냄새와 쌉쌀한 맛, 미끈미끈한 느낌 때문에 생청국장을 삼키기는 그리 쉽지 않다. 양념을 안 한 생청국장은 처음에 먹을 때는 좀 어색하지만 얼마든지 익숙해질 수 있는 방법이 있다. 밥을 먹을 때 생청국장을 잘 익은 배추김치나 백김치·상추 등에 싸 먹으면 수월하게 먹을 수 있다.

또 구운 김에 생청국장을 싸 진간장에 살짝 찍어 먹어도 맛있다. 김밥용 김 위에 따끈한 밥을 얇게 편 후 청국장을 길게 한 줄 놓은 다음 잘 익은 김치를 얹어 김밥처럼 말아 먹어도 별미다. 쌈밥용 쌈장을 만들 때 청국장을 함께 넣어도 좋다.

아니면 주스나 두유 등 좋아하는 음료에 생청국장을 넣고 믹서기로 갈아 건강음료처럼 마시는 방법도 있다. 이때 바나나·귤·꿀 등을 넣어 먹으면 아침 대용식으로도 그만이다.

이제 가정에서도 냄새가 나지 않는 구수한 청국장을 손쉽게 만들 수 있다. 농가에서 직접 만든 웰빙 청국장부터 지구촌 관광객에게 상품화시켜 보자.

(2005. 12)

'서러운 설, 낯선 설' 되어서는 안 돼

"국도로 갈 까요♬♪, 고속으로 갈 까요♪♬, 차라리 버스타고 갈 까요♬♪♬······"

서리 낀 고향 길을 생각하면서 자작노래를 불러 본다.

생각이 고향으로 달려가는 이 순간, 꿈에 본 내 고향, 고향열차, 고향이 좋아, 고향아줌마, 타향살이, 고향무정 등 고향을 소재로 한 그리운 대중가요들이 갑자기 주마등처럼 스쳐 간다.

매년 산자락 넘어가는 귀향열차 속에 비친 산촌은 일찌감치 앵초가 마중 나온 듯하고, 섬을 낀 어촌에선 귀성객을 맞이할 차비를 서두르고 있는 갈매기의 풍경들이 눈에 선하기만 하다. 이쯤 되면 누구나 정겨운 고향노래를 흥얼거리지 않을 수 없다.

설은 새해의 첫 시작이다. '설'은 묵은해를 정리하여 떨쳐 버리고 새로운 계획과 다짐으로 새 출발을 하는 첫날이다. 이 '설'은 순수 우리말로 그 말의 뜻에 대한 해석은 구구하다. 그중 하나가 '서럽다'는 '설'이다.

귀성객을 환영할 차비를 서두르고 있는 어촌의 갈매기 풍경이 눈에 선하다

선조 때 학자 이수광이 『여지승람』이란 문헌에 설날이 '달도일'로 표기했는데, '달'은 슬프고 애달파 한다는 뜻이요, '도'는 칼로 마음을 자르듯이 마음이 아프고 근심에 차 있다는 뜻이다.

'서러워서 설, 추워서 추석'이라는 속담도 있듯이 추위와 가난 속에서 맞는 명절이라서 서러운지, 차례를 지내면서 돌아가신 부모님 생각이 간절하여 그렇게 서러웠는지는 모르겠다.

또 설에 대한 가장 설득력 있는 견해는 '설다, 낯설다'의 '설'이라는 어근에서 나왔다는 설(說)이다. 처음 가보는 곳, 처음 만나는 사람은 낯선 곳이며 낯선 사람이다. 따라서 설은 새해라는 정신·문화적 시간의 충격이 강하여서 '설다'의 의미로, 낯 '설은 날'로 생각되었고, '설은 날'이 '설날'로 정착되었다.

까치 까치 설날은 어저께 고요, 우리 우리 설날은 오늘이에요.

설날에는 고향집을 찾아 농어촌의 적막함에 아이들 웃음소리가 들리게 하자.

이런 설날이 눈앞에 다가왔다. 요즘은 고속열차, 비행기, 고속버스, 승용차 등을 이용하여 내 고향 모든 지역이 일일생활권이 되다 보니, 고향을 그리워하는 노래가 점점 자취를 감추고 있는 형편이다.

이를테면 공간적 개념의 고향에 대한 그리움은 퇴색되었고, 변해 버린 고향에 대한 인생무상함(시간적 개념의 고향)을 느끼는 공허함이 오늘의 내 고향 농촌을 대신하고 있다.

더구나 농촌의 정겨움을 대표했던 농주도 사라지고 있다.

해마다 설날이 되면 내 고향 양조장은 막걸리를 배달하는 사람들로 북새통을 이루었었다.

막걸리 심부름을 갔다 오던 아이들은 으레 주전자를 들고 마을 모퉁이를 돌기 전에 멈춰 서서 주전자 주둥이를 입가에 걸치고 캑캑거리며 들어 마시곤 했다.

이렇게 골목길에서 막걸리를 배운 아이들은 어느덧 장성하여 경제개발과 함께 공장으로 건설현장으로 수출전선으로 나갔다. 이들은 밤낮을 삽질하고, 나사를 조였다. 빌딩도 고속도로도 빨리빨리 조기 완공하려면 느긋하게 술 마실 틈이 없었다. 이때 등장한 것이 소주다.

먹고 살 만하면 민주화 욕구가 커진다고 했던가. 이제는 전통주에서 양주에 이르기까지 저마다 입맛에 따라 골라 마실 수 있는 술맛의 개성시대가 열리고 있다. 취하기 위해 마시던 폭주에서 즐기기 위한 애주로 음주 문화가 숙성되었다. 또 술을 사양할 수 있는 확실한 보증수표로 자가용이 등장하면서 다들 건강을 챙기기 시작했다.

웰빙시대에 접어들면서 막걸리가 다시 인기다. 필자도 막걸리 마니아 중의 한 사람이다. 설날에 맛보게 될 고향 막걸리를 생각하면서, 컴퓨터 게임에 빠져 있는 우리 애들에게 이번 설날은 시골에서 즐길 프로그램을 짜자고 재촉했다.

하지만 애들은 들은 척도 하지 않는다. 아빠의 고향보다는 놀이공원과 컴퓨터 게임에 더 관심이 있다. 고향을 찾지 않는 사람들이 많아질수록 '서러운 설, 낯 설은 설'이 될 것임은 분명하다. 그래서 내 고향이 낯설고 서럽기만 하다.

겨울방학이 한창이고, 3일 설 연휴가 기다리고 있다. 다시 내려가 살 수는 없다 해도 올 설 연휴는 놀이공원은 미루어 두고 고향집으로 갈 일이다.

낯설고 서러운 땅이 되어 가는 내 고향에 며칠만이라도 아이들 웃음소리가 들리게 하자. 밤이면 막걸리에 취해 동구 밖에서 고성방가를 해댄들 내 고향 농산어촌의 적막함보다 낫지 않은가.

(2006. 1)

직업으로써의 농업

직업이란 경제적 소득을 얻거나 사회적 가치를 이루기 위해 참여하는 계속적인 활동을 말한다. 일반적으로 우리가 사는 지구상에는 약 2만5000여 가지의 직업이 있다고 한다. 이런 사람, 저런 사람들이 이런 직업, 저런 직업을 가지고 이런 재능, 저런 재능을 발휘하여 다양하게 삶을 영위하고 있다.

이처럼 어느 한 사람, 어떤 일 하나, 어떤 재능 하나도 귀하지 않고 필요하지 않는 것이 없으며 한결같이 가정과 직장과 사회와 국가를 유지하는 기둥 역할을 하고 있다. 아울러 직업은 인간이 경제적으로 안정된 삶을 영위하는 데 중요한 수단이 된다.

하지만 우리나라는 옛날부터 불교와 유교의 노동관의 영향을 받아 직업의 귀천을 따졌고 직업에 따라 대인과 소인으로 구별하였다. 공자는 "대인은 사람을 다스리는 사람들이고 소인은 생산적이고 기술적인 활동에 종사하는 사람들"이라고 했다. 맹자도 "군자는 정신으로 일하고 소인은 육체로 일한다"고 하여 직업의 귀천을 따졌다.

특히 반상(班常)의 구별은 주로 혈통에 의하여 결정되었으며 사농공상(士農工商)으로 순위를 손꼽으며 노동을 천시하는 경향이 있었다. 그리고 선비의식과 인문 숭상의 전통이 강했던 까닭에 사무직과 관리직을 지나치게 선호하였다. 그러다가 현대사회의 고도의 과학과 기술의 발달로 인한 전문화 시대의 영향으로 점차 직업의 평등화가 이루어지고 있다.

산과 바다와 초승달을 벗 삼아 노동을 통해 부를 창출하는 농업

하지만 직업 세계관의 변화추이에 비추어 볼 때 과도기라고 할까. 현대사회에 있어서 노동이란 부를 창조하는 원천이며, 생계의 수단임에도 불구하고, 아직도 우리 사회에는 노동(특히 농사일)을 천시하거나 싫어하는 풍조가 남아 있다. 물론 예로부터 선비의식과 인문 숭상의 전통이 강했던 우리나라의 경우 아직도 화이트칼라에 대한 편견이 진로 선택에 장애 요소로 작용하고 있는 이유도 있겠지만, 문제는 부모가 선호하는 직업을 선택하길 강요하는 경향이 강하다는 데 있다. 어쩌면 이것은 부모자신이 자녀를 통해서 어떤 보상을 받으려는 심리

라 할 수 있다.

농촌의 미래자산은 90% 물속에 잠겨 있는 빙산에 해당

이제 더 이상 농업이 천대받아서는 안 된다. 오늘날 세계 농업은 자연과 첨단기술이 결합된 유망한 미래 산업으로 발전하고 있다. 선진국일수록 농업을 미래의 유망산업으로 인식하고 있으며, 농업부문의 경쟁력을 높이기 위해 농업분야에 대한 투자를 더욱 늘리고 있다.

그 이유는 농업도 투자 여하에 따라 크게 달라질 수 있으며, 첨단기술을 접목시켜 하이테크 농업으로 육성한다면 얼마든지 21세기에 유망산업으로 발전할 수 있다는 확신이 있기 때문이다.

농촌의 미래자산은 물속에 잠겨 있는 90%의 빙산이다

우리 농업인이 있기에 한 민족의 얼과 혼이 존재하고 있으며 그래서 설날과 추석에는 조상의 뿌리를 찾아 2000만 민족의 대이동이 있지 아니한가?

당장 우리 쌀 판매대 곁에 수입쌀이 진열되고 있다. 해가 거듭할수록 더 많은 수입쌀이 들어와 우리의 식탁을 넘볼 것이다. 소비자 입장에서도 강 건너 남의 일만은 아니다. 선택의 폭이 넓어진 만큼 농촌의 신음소리가 더욱 커질 것은 뻔하다.

이러다가 영영 농촌 생산기반이 무너진다면 우리 농업 농촌의 정체성은 어디서 찾을 것인가? 또 맑은 공기, 맑은 물, 아름다운 경관에 대한 갈증을 어떻게 해소할 것인가.

최근 들어 '농촌관광'이란 단어가 우리 생활에 한 부분을 차지할 정도로 그린 어메니티가 생소하지 않다. 그러 하기에 '생활은 도시에서 여유는 농촌에서'라는 어휘가 도시민의 생활에 점점 자리 잡아 가고 있는지 모른다.

더구나 봇물처럼 터진 개방의 빗장 앞에서 어느 나라 농산물을 어떻게 사야만 안전한 식품으로 건강한 식탁을 차릴 것인가에 모두가 초미의 관심사가 되고 있다.

앞으로 농촌의 어메니티는 농촌 농업의 이미지 상승은 물론 농업인의 삶의 질 향상과 도시민에게 기쁨을 제공하는 데 소중한 역할을 수행할 것이다.

따라서 농업이 진정한 좋은 직업이 되기 위해서는 첫째, 농업은 일(정신적, 육체적 노동)을 한 대가를 받을 수 있어야 한다. 둘째, 농업은 계속성이 있어야 한다. 셋째, 생계유지를 위한 수단이어야 한다. 넷째, 농업인 의사에 맞는 노동이어야 한다는 조건들을 충족시킬 수 있도록 농업관 바로 세우기에 지속적인 동참과 관심이 필요한 때이다.

(2006. 1)

사회성 평가제도 정착 노력

우리나라 공기업의 경우 경영평가제도가 도입된 지 20년이 되었다. 이후 책임경영제의 정착을 위해 기업별 경영실적을 평가하고 그 평가 결과에 따라 상여금을 차등 적용하는 등 공익적 기능 향상을 위한 노력을 지속하고 있다.

또한 지자체의 지방 공기업평가도 행자부 산하의 지방자치경영협회가 주관하여 경험 있는 전문평가단원들을 구성하여, 평가지표나 평가방법들을 채택하는 데 주로 정부투자기관의 경영평가모델을 활용하고 있다.

특히 공기업이나 협동조합부문의 경우, 사회성 경영평가를 중요시하는 이유는 농업인을 포함한 도시민의 복지증진과 국가경쟁력 향상이라는 중요한 사회적 책임 때문이다.

아울러 우리나라 사기업에서도 각자기업의 사회적 책임, 즉 기업의 환경보호 활동, 고용 창출, 이윤의 사회 환원 및 건전한 사회문화 창출 등을 위해 많은 예산을 들여 기업광고와 홍보를 실시하고 있다.

금융기관과 대학도 예외는 아니다. 국민은행을 비롯한 은행권의 고객평가 제도, 대학의 경우, 교원업적평가항목의 사회성 평가항목에 성실성, 윤리성 외에 사회성 항목으로 학부 및 대학 내 공동체 발전을 위한 기여도를 평가항목으로 적용하는 경우 등을 그 예로 들 수 있다.

매화축제를 보면 농산촌의 희망이 보인다

요즘 농산어촌은 대내외적으로 많은 어려움에 처해 있다. 이러한 어려운 상황을 극복하기 위해 다양한 정책들이 제시되고 있으나 산적한 문제들을 시원하게 해결해 나가기란 만만치 않은 것이 현실이다.

앞으로 농업인의 존재가치 여부마저 의문시되는 실정에서 우리 모두는 농산어촌의 위기가 곧 국가의 위기라는 인식을 공유하고 위기극복을 위한 전사적인 노력이 필요하다.

1사 1명소 가꾸기 운동 확대 필요

이러한 때 농산어촌 활력화를 위한 '사회성 평가제도'의 정착 노력이 절대적으로 필요하다. 예컨대 관내기업 및 협동조합이 지역사회 발전을 위해 여러 사회적 책임에 관한 지역사회의 모든 사항들을 역동성을 가지고 활동할 때 지역농업의 가치와 고유성을 국민 모두에게 각인시켜 신뢰받고 사랑받는 사업체로 평가받을 수가 있다.

또 관내 사업체의 사업 활동 특성상 지속적으로 사회적 책임이 논쟁의 대상이 되고 있을 뿐 아니라, 강한 지역성이 요구되는 관내지역의 특성을 감안할 때 지역실정에 맞는 사회성 평가모델들을 새로이 개발하고 평가하면서 사회성을 높이는 방향으로 나갈 때 사업체의 가치는 상승될 것이고 그 정체성을 올바르게 유지해 나갈 수 있을 것이다.

그동안 각 기업의 사회적 책임의 일환으로 꾸준히 전개되고 있는 1사1촌 운동이 농산어촌지역 활성화에 크게 기여하였듯이, 올해에는 1사1촌, 1교1촌, 문화재 지킴이 운동을 넘어 '1사 1명소 가꾸기' 운동으로 확대되어야 한다.

농산어촌이 상대적으로 어려운 것이 사실이지만, 주변에는 앞서가는 프로 농업인도 많이 있다. 청매실 농원 홍쌍리 여사의 경우, 농산촌어메너티를 활용하여 1명소를 만들어 낸 대표적인 신지식농업 인이다.

2002 신지식농업인으로 선정된 청매실농원 홍쌍리 여사는 다음과 같이 주장하고 있다.

> 하나, 농사를 작품으로 지어라.
> 둘, 도시민의 밥상을 약상으로 만들라.
> 셋. 그 밥상을 환자 상으로 만들 것인가는 본인이 결정하라.
> 넷, 나를 보고 떴다고 말하는데 나는 지금이 시작이고 지금이 고비라 생각한다.
> 다섯, 능력이 안 되어서 못한다는 말은 하지 마라.
> 여섯, 저녁때마다 시아버지 팔, 어깨 주물어 드리고, "요부"가 되었다. (밤나무를 베고 매실나무를 심기 위한 전략)
> 일곱, 미쳐야 미친다. 매화에 미쳤다.
> 여덟, 제품 하나를 위해 밤잠을 설친 적이 부지기수다.
> 아홉, 매화만으로는 성공 장담 못해 야생화를 심는다. (3 - 5월에만 봄비는

한계를 극복하기 위해)

열, 돈을 쫓으면 사람이 망가진다.

열하나, 중국에 가보니 다리 밑에도 꽃을 심더라.

열둘, 나는 15년 후 조감도를 다 완성했다. 80까지 후회하지 않는 농사꾼으로 살아갈 것이다.

열셋, 인생은 파도를 쳐야 인생이다. 적당한 파도는 인생의 참맛을 알게 한다.

열넷, 오장육부가 흙이다. 흙이 죽으면 못산다.

열다섯, 일본이 일본다운 것은 "국민정서, 전통성, 친절함"이다.

열여섯, 물건을 팔려고만 말고 도시민들을 내 품에 안기게 하라.

열일곱, 산을 밀어내고 논과 밭을 만들 수 있다는 용기를 가져라.

열여덟, 가다가 멈추지 말라.

열아홉, 그랜드캐넌의 선인장을 보니 뿌리에 달랑 실뿌리 2줄에 의지하고 살더라.

스물, 1년에 70만 명이 나의 품에 안긴다. 나는 100만 명을 꿈꾼다.

(홍쌍리『여사의 어록』 중에서)

우리나라 기업이나 협동조합의 대부분이 지역사회와 지역농산어촌을 기반으로 사업하고 활동하는 이상, 지역사회·경제·문화의 구심체 역할을 해 나가는 근간이 되어야 하기 때문에 지역 명소 가꾸기는 필연적일 수밖에 없는 사회적 책임이다.

앞으로 1사 1명소 가꾸기가 좋은 기업의 이미지 제고를 통한 경영 이익 창출은 물론 농산어촌에 활기를 되찾아 주는 계기가 될 수 있기를 기대해 본다.

(2006. 2)

농업인재 육성을 위한 정책적 지원 확대를

우리나라 도농(都農) 간 격차는 국민소득 1000달러 수준의 후진국과 다를 바 없다. 반면 선진국의 농촌은 어디를 가보아도 삶의 질과 조건이 도시와 큰 차이를 보이지 않는다. 이 같은 선진국의 도농(都農) 간 균형은 기본적으로 농업 인력육성 시스템의 현실화에 있다.

아름다운 농촌지킴이 육성이 필요할 때……

유럽과 일본의 경우 농업개방에서 살아남기 위해 품목별로 최고 실력의 농업인재를 육성하는 데 총력을 기울이고 있다. 또 농업자격증 제도의 현실화로 엘리트 농업인을 선발해 무이자로 농업자금을 대출해 주는 등 각종 정책적 지원을 아끼지 않고 있다.

도농 간 균형 농업인력 육성 시스템의 현실화에 달려

독일은 농촌 정예요원을 육성하는 제도로 마이스터(meister)가 어떤 직업 못지않게 사회로부터 존경을 받고 있다. 특히 이들은 각종 자금 지원을 받게 되며 예비 농업인을 교육할 수 있는 자격도 인정되어, 경제적으로도 안정된 생활을 할 수 있는 문화풍토가 조성되어 있다.

우리나라와 유사한 농촌인력 육성시스템을 갖춘 일본은 청년농업사와 지도농업사 등의 자격증 제도를 운영하고 있는데 이들도 마찬가지로 정부차원의 다양한 정책적 지원을 받고 있다.

특히 미국의 경우 농촌인력 교육은 연방 정부에 의해 재정투자가 이루어지고, 국가 수준에서 행·재정적인 지원이 이루어지고 있다. 이 것은 농촌인력 교육이 산업 및 국가 발전의 토대가 되기 때문임을 입 증하고 있는 셈이다.

이처럼 선진국들은 다양한 방법으로 차세대 농촌 리더들을 집중적으로 교육하여 농촌 정예요원 양성에 농업정책의 초점을 맞추고 있다. 또한 선진국의 경우 50~70% 수준으로 실업교육이 중등교육에서 상당 부분을 차지하고 있다. 반면 우리나라는 전체 고등학교에서 실업계 고교가 30%에 불과하다.

농촌의 미래, 엘리트 농업인 육성에 달려 있다

그렇다면 우리나라 농촌인력 육성 교육은 무엇이 문제인가. 우리의 경우 실업교육이 법적 근거에 기초한 교육기관을 통해서 시행된 것은 1899년의 상공학교 설립이 그 효시다. 실업교육은 산업교육, 직업교육, 직업기술교육, 직업기술훈련, 직업교육훈련 등 시대적 상황에 따라 그리고 관장하는 교육기관에 따라 각각 다르게 정의되어 왔음은 물론 실업교육 정책의 변화에 따라 실업교육의 현황도 지속적으로 변화를 거듭하였다.

특히 변화를 거듭하면서 우리나라 실업교육은 갈수록 위축되어 왔음은 물론이고 각종 농업기술 자격증 제도가 자격증 취득자에 대한 혜택 부족과 홍보 미흡 등으로 유명무실해지고 있다.

농촌의 미래, 엘리트 농업인 육성에 있다

현재 농업기술 자격증의 경우, 시설원예를 비롯하여 농업기계, 종자기사, 식물보호, 축산 등 7개 분야에 대해 기능사와 산업기사, 기술사 등의 시험을 실시하고 있다.

농업 관련학과 졸업생과 농업인의 경우 기능사 자격증을 취득한 뒤

1~2년의 실무경험을 쌓으면 산업기사 자격증 등을 취득할 수 있는 기회가 주어진다. 그러나 농업인의 경우 자격시험에 대한 홍보가 극히 미흡해 자격증 취득이 극소수에 불과하다.

더구나 다른 산업분야의 자격증 취득자에 비해 상대적으로 우대조건이 약한 편이어서 농업인은 물론이고 농과대학 졸업생들조차 이를 외면하고 있는 실정이다.

우리는 이미 능력 우선의 사회에 접어들었다고 외치고 있다. 하지만 농업분야에는 아직은 공허한 메아리에 불과하다. 따라서 농촌 우수인재 확보를 위해 자격 취득자에 대한 가산점 부여와 영농정착금 우선 지원 등 각종 혜택방안 마련과 제도 개선이 우선되어야 한다.

그래야 농업이라는 직업에 대한 인식이 새롭게 바뀔 것이다. 이제 지구촌은 능력중심의 수평적 사회다. 사람을 고치는 의사와 트랙터를 운전하는 농업인이 똑같이 존중받는 사회가 되어야 한다.

(2006. 2)

두레정신과 전통놀이 지속되길

요즘 아이들의 놀이문화를 보면 격세지감을 느낀다. 어린시절 유일한 놀이터는 자연뿐이었다. 당시 마땅히 가지고 놀 만한 대상이 없었던 터라 동네 아이들은 여름이면 소나무와 참나무에 붙어 있는 매미나 사슴벌레, 초가을이면 푸른 하늘을 수놓는 고추잠자리 그리고 시냇물을 보금자리 삼아 헤엄치던 이름 모를 물고기 등 그야말로 자연을 대상으로, 자연의 일부가 되어 놀았다.

정말 그때에는 똘똘 뭉쳐 다니면서 놀아야 재미가 있었고 풍성한 성과도 올릴 수 있었다. 지금 생각해 보면 일종의 공동체 의식이었다.

또 아이들 못지않게 어른들의 공동체 의식은 그 생활 자체였다. 두레기와 상쇠를 앞세운 풍물패가 들녘에 등장하면 농민들은 그저 신명이 솟구쳤다. 논둑을 따라 막걸리 주전자에 먹을거리를 내오는 논 주인의 옷자락이 보일라치면 들녘사람들은 신바람이 나서 어깨춤을 덩실거렸다.

하지만 공업화 산업화 도시화를 향해 앞만 보고 질주하는 사이 두레 같은 미풍양속이 자연스럽게 밀려났다. 그러다보니 농촌사회의 공동화와 노령화 수준은 더욱 가속화되었고 산업 간 지역 간 불균형은 갈수록 커졌다.

옛날에는 소 풀먹이기 체험이 하루 일과 중 하나였다.

또 아이들의 놀이문화도 문명화라는 미명하에 무섭게 변하였다. 입시 경쟁 때문에 아이들은 학교 수업과 과외 수업에만 매달리게 되었고, 여가시간이 생기면 컴퓨터 오락을 주로 하게 되었다. 따라서 아이들은 개인적인 생활만을 주로 하고 친구들과 어울려 지낼 수 있는 기회가 거의 없어졌다.

그 결과 아이들은 개인적이고 이기적인 사고를 지니게 되었고 아이들 특유의 애들다움을 상실하게 되었다. 아울러 자연과의 친화성이 사라지고 서구적 사상이 의식에 자리 잡아 자연과 멀어져 가는 현상마저 나타나게 되었다.

물론 어느 한쪽의 비교우위를 설명할 생각은 없다. 왜냐 하면 모든 일에는 빛과 그림자가 있기 마련이고, 시간의 흐름에 따라 이 세상 모든 유무형의 것들 또한 변할 수밖에 없으며, 그 시대의 변화에 따라 우리들 각자의 삶의 양식도 그만큼 달라지기 때문이다.

그럼에도 서로 돕고 사는 두레정신과 전통놀이와의 친화만은 지속되어야 한다는 생각이다. 이는 단결성, 협동성, 자연의 중요성 등을 가르쳐 주는 더없는 선생님이기 때문이다.

두레정신과 전통놀이는 일반적인 컴퓨터 게임과 달리 자신 혼자만의 실력은 승부에 영향을 주지 않는다. 게임에 참여하는 모든 이들의 단결성이 가장 중요하게 작용한다. 그렇기 때문에 거기에서 공동체의 중요성을 느끼게 되고 그럼으로써 현대 아이들의 커다란 문제 중에 하나인 이기적이고 개인주의적인 성향을 고칠 수 있다.

따라서 두레정신과 전통놀이를 이어갈 수 있는 토대 마련이 시급하다. 이 중 하나가 농산어촌 어메니티 증진이다. 도로와 교통수단이 발달하고 통신과 인터넷의 급속한 성장 그리고 주 5일 근무제 및 지자체의 운영의 성공적 정착은 향후 우리 농산어촌이 발전하고 부가가치를 무한히 증진할 수 있는 기회이다.

농촌 공간 모두가 우리들의 보금자리이다. 농촌의 두레정신과 전통놀이를 이어갈 수 있는 토대 마련이 시급하다. 이 중 하나가 농산어촌 어메니티 증진인 것이다.

우리는 누구나 먹어야 산다. 식량은 우리가 살아가기 위해 가장 중요한 자원이다. 석유가 없어도, 금이 없어도, 우리는 살 수 있다. 그러나 식량이 없다면 우리는 죽을 수밖에 없다. 또 오늘날 우리가 겪고 있는 생태위기가 무엇보다 공업의 결과라는 점에서 생태위기를 치유하기 위해서는 무엇보다 공업의 생태적 전환을 추구해야 한다.

균형추를 잃어버린 비교우위론과 삶의 질을 망각한 국제경쟁력 우선론은 이런 시대적 요청을 무시하고 있다. 논과 밭이 뭉텅뭉텅 사라지는 대신에 공장과 아파트가 곳곳에서 제멋대로 들어서고 있다. 논과 밭의 생태적 기능이 삽시간에 사라지면서 생태위기가 더욱더 심화될 수밖에 없다.

이러한 어메니티 조성만이 두레정신과 전통놀이를 부활시킬 수 있는 수단이다. 만일 농촌이 포기되면 350만 농민의 생존이 벼랑 끝으로 내몰릴 것이고 식량안보는 크게 위협받게 될 것이다.

이제 어떤 형태로든 농어민의 장래를 국가가 보장한다는 신임을 농어민들로부터 얻어내야 한다. 이 신뢰관계의 핵심 고리는 친환경 농업과 농어촌의 어메니티가 되어야 한다.

농어촌 마을은 마을대로 당당하게 자연생태 환경을 자산으로 삼아 도시 샐러리맨들과 똑같이 맞장을 뜰 수 있어야 한다.

(2006. 2)

농산촌에서 진실을 찾고 지식을 구하자

사회가 점점 복잡해지고, 매 시간 민감한 상황 속에 얽매어 사는 현대인들은 도심 속의 바쁜 생활에서 벗어난 안빈낙도를 꿈꾸게 된다. 이는 『오늘 그리고 우리들』이라는 다음 글을 보면 더욱 욕구가 강해질 것이다.

마음이 아름다워지는 곳, 몸이 아름다워지는 곳, 영혼이 아름다워지는 곳, 이 특별한 곳이 우리나라 농산촌의 생태관광이다.

오늘날 우리는 더 높은 빌딩과 더 넓은 고속도로를 가지고 있지만,
성질은 더 급해지고 시야는 더 좁아졌습니다.
돈은 더 쓰지만 즐거움은 줄었고, 집은 커졌지만,
식구는 줄어들었습니다.

일은 더 대충 대충 넘겨도 시간은 늘 모자라고,
지식은 많아졌지만, 판단력은 줄어들었습니다.
약은 더 먹지만 건강은 더 나빠졌습니다.

가진 것은 몇 배가 되었지만, 가치는 줄어들었습니다.
말은 많이 하지만 사랑은 적게 하고 미움은 너무 많이 합니다.
우리는 달에도 갔다 왔지만 이웃집에 가서 이웃을 만나기는
더 힘들어졌습니다.

외계를 정복했는지는 모르지만 우리 안의 세계는 잃어버렸습니다.
수입은 늘었지만 사기는 떨어졌고, 자유는 늘었지만 활기는 줄어들었고,

음식은 많지만 영양가는 적습니다.
호사스런 결혼식이 많지만 더 비싼 대가를 치르는 이혼도 늘었습니다.
집은 훌륭해졌지만 더 많은 가정이 깨지고 있습니다.

그래서 오늘 우리가 제안하는 것입니다.
특별한 날을 이야기하지 마십시오. 매일 매일이 특별한 날이기 때문입니다.
진실을 찾고, 지식을 구하십시오.

있는 그대로 보십시오.
사람들과 보다 깊은 관계를 찾으세요.
이 모든 것은 어떤 것에 대한 집착도 요구하지 않고,
사회적 지위도, 자존심도, 돈이나 다른 무엇도 필요하지 않습니다.
가족들, 친구들과 좀 더 많은 시간을 보내십시오.

당신이 좋아하는 사람들과 좋아하는 음식을 즐기십시오.
당신이 좋아하는 곳을 방문하고 새롭고 신나는 곳을 찾아가십시오.
인생이란 즐거움으로 이루어진 아름다운 순간들의 연속입니다.
인생은 결코 생존의 게임이지만은 않습니다.
내일 할 것이라고 아껴 두었던 무언가를 오늘 사용하도록 하십시오.
당신의 사전에서 앞으로 곧, 돈이 좀 생기면 같은 표현을 없애 버리십시오.

시간을 내서 해야 할 일의 목록을 만드십시오.
그리고 굳이 돈을 써야 할 필요가 없는 일을 먼저 하도록 하십시오.
그 친구는 요새 어떻게 지낼까 궁금해하지 마십시오.
즉시 관계를 재개하여 과연 그 친구가 어떤지 바로 알아보도록 하십시오.

우리 가족과 친구들에게 자주, 우리가 얼마나 고마워하는지 그리고 사랑하는지 말하십시오.
당신의 삶에 그리고 누군가의 삶에 웃음과 기쁨을 보태줄 수 있는 일을 미루지 마십시오. 매일, 매 시간, 매 순간이 특별합니다.

당신이 너무 바빠서 이 메시지를 당신이 사랑하는 누군가에게 보낼 만한 단 몇 분을 내지 못한다면, 그래서 '나중'에 보내지 하고 생각한다면,
그 '나중'은 영원히 오지 않을 수도 있다는 것을 스스로에게 말해 주십시오.

그리고 저기 있는 그 누군가는 지금 바로 당신이 그 사람을 사랑한다는 것을 알아야 하는 상황인지도 모릅니다.

『오늘 그리고 우리들』 중에서

필자도 오늘 특별한 곳을 제안하고자 한다. 마음이 아름다워지는 곳(생태체험), 몸이 아름다워지는 곳(천연염색), 영혼이 아름다워지는 곳(인심). 이곳이 우리나라 농산어촌의 생태관광이다.

생태관광은 지구 환경을 보전하고 지속 가능하게 하는 관광산업의

한 분야로서 21세기의 가장 중요한 관광의 한 요소로 대두될 것이다. 왜냐하면 생태관광은 자연뿐만 아니라 이와 연관된 문화적 요소까지 포함하여 지속 가능한 관광 영역이기 때문이다.

이제 우리도 농산촌에 생태예술을 입혀 아름다운 생태관광을 창조해야 한다.

이미 아시아 지역을 포함한 거의 모든 나라에서 환경을 보전하고 지역개발의 경제적 도움을 주는 중요한 촉매제로서 생태관광을 개발하여 많은 관광객을 유치하고 있다.

이제 우리도 농산촌에 생태예술을 입혀 아름다운 생태관광을 창조해야 한다. 예컨대 세계 생물권 보전지인 설악산을 비롯하여 천연동굴, 늪지, 철새 도래지 그리고 많은 문화유산 등이 바로 그 특별한 곳이다.

앞으로 적절한 개발을 통해 환경적 입장에서 보전 지속 가능하게 국내·외 관광객을 유치함으로써 지역경제에 도움을 주어야 하고 또한 다양한 마케팅 개념이 도입되어야 한다. 또한 생태관광의 필요성과 중요성을 교육할 프로그램의 개발, 생태관광객을 위한 행동지침서 개발, 생태관광객을 안내하고 교육효과를 높일 생태관광 해설자 교육을 시키는 것도 시급한 문제다.

(2006. 3)

농촌에도 여풍을 기대한다.

지금 우리는 여풍이라는 메가트랜드 영향권 아래에 놓여 있다. 이는 미국의 저명한 미래학자 존 나이스비트(John Naisbitt)가 여성을 21세기의 경쟁력 키워드로 꼽은 것과도 맥락을 같이한다.

헌정사상 첫 여성 총리가 탄생되어 국정의 한축을 담당하는가 하면, 스위스 경제 포럼지에 뽑힌 '차세대 지도자 100인' 중 유일한 아시아 여성으로 뽑힌 김성주 사장을 비롯한 여성 CEO의 수기 35만 명을 넘어섰다. 이는 사장 5명 중 1명이 여성인 셈이다.

이제 이 시대를 사는 많은 젊은 여성들은 당당한 프로를 꿈꾼다. 여학생들이 대학에 진학할 때 학과선택의 범위도 다양해졌다. 또 우리 사회의 남성들이 차지해 온 자리를 당당한 여성들이 조금씩 밀어내기 시작했다. 여성 CEO을 보는 기업의 시선도 달라지는 중이다.

이는 국가나 조직의 운영에 필요한 리더십의 유형이 카리스마적 형태에서 점차 수평적·통합적 리더십으로 변모하기 때문이다. 여기에다 머리가 아닌 가슴으로 경영하는 여성스런 감성경영이 중요시되는 상황과도 무관하지 않다.

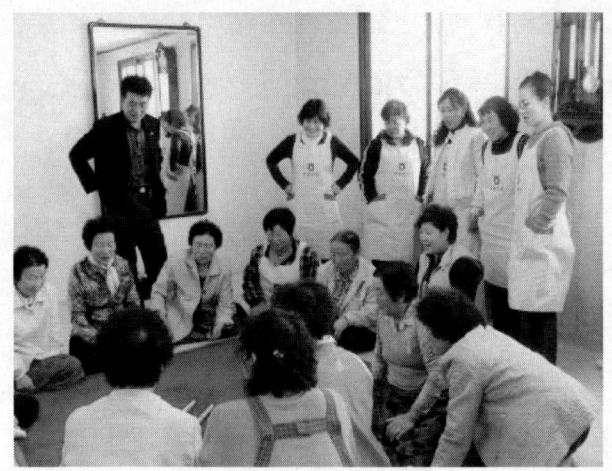

여성의 힘, 농촌을 바꾼다.

농촌의 꽃은 여성이다

이 같은 현상은 농업계에도 나타나고 있다. 전체 농업인 중 여성이 차지하고 있는 비율은 51%로 절반을 넘어서고 있다. 이처럼 여성 농업인이 수적으로도 남성을 능가하고, 지역사회의 중추적인 역할을 수행하고 있는 만큼 다양한 분야에서도 그에 상응하는 입지를 확보하는 것은 자연스런 추세이다.

현재 농협의 경우 지역농협 조합장 2명과 여성 대의원 300여 명 등 비중이 늘고 있다. 이제 여성 농업인풍은 단순한 여권신장의 의미를 넘어 국내 농업의 시장 경계선을 재구축하기 위해서도 절실히 필요한 시대가 되었다.

한편 농촌의 생산 핵심인구가 급격히 줄어들고 있는 상황에서 빈사상태의 농촌을 살리기 위해서는 농촌인력 구조조정을 통한 차세대 농촌인력 확보가 필요하다는 시각도 있다.

농촌의 꽃은 여성이다.

하지만 농가인구의 비중으로 볼 때 우리나라가 선진국 수준의 농촌 인구의 구조조정이 이루어지려면 최소한 20년 정도가 걸리고, 차세대 농촌인력확보 대책 또한 만만치 않다. 선진국의 경우 농가인구는 감소해도 농촌인구는 일정수준 유지하고 있으나 우리나라는 농가인구 감소 속도가 농촌생산기반을 뿌리째 뒤흔들 정도로 농촌인구 감소를 선도하고 있다.

이와 같은 급속한 농촌인구의 감소와 노령화는 도농 간 소득격차는 물론 농촌내부 인력시스템의 가동이 불가능할 정도로 비상이 걸리고 있다는 점에 문제의 심각성이 있다. 물론 정부가 은퇴농가에 대한 사회안전망 대책 및 미래 농촌인력육성에 주력하고는 있지만, 인력양성 은 단기간 내에 이루어질 수 없다.

시간과 예산지원에 대한 수단이 뚜렷하지 않는 한 자칫 인력자원의 부족이 농업성장의 걸림돌로 작용할 수 있다. 그렇다면 당장 누가 우리 농촌의 성장 동력이 돼야 하나. 여기에 여성 농업인이 나서야 한다. 5·31지방선거를 앞두고 여풍이 기대되는 가운데, 앞으로 여성 농업인들의 진취적 사고와 노력이 농촌을 살릴 수 있는 돌파구가 될 것이다.

따라서 다음과 같은 제도적 뒷받침이 필요하다.

첫째, 여성 특유의 섬세함을 장점으로 여성 농업인의 지방선거 참여확대 및 여성마을 이장 늘리기, 농협 여성임원의 확대 등이다.

둘째, 여성 농업인에 대한 성장단계별 교육프로그램 확대와 여성위주 농산물 마케팅 전략을 확대시켜야 한다.

셋째, 농어촌 지역 육아에 대해 무상보육 확대, 보육시설 확충 등 농어촌 보건복지 지원계획의 현실화와 각종 시민단체들의 전폭적인 지원이 요구된다.

(2006. 4)

3장: 자연을 닮은 사람들이
부르는 쌀노래

정착 힘들었던 유럽 빵 비해 안정된 주식 제공

가을의 문턱에서 벼들이 고개를 숙이고 있다. 특별한 햅쌀을 창조해 낸 쌀나무가 고맙기만 하다. 그런 의미에서 유럽식생활의 역사를 보면 우리에게 들려주는 귀중한 교훈이 있다. 우리의 주식인 쌀의 고마움이다. 쌀은 큰 어려움 없이 손쉽게 우리 식탁에 정착했지만 빵이 유럽사회에서 주식으로 정착하기까지는 수많은 우여곡절을 겪었다. 지금 유럽의 식생활은 '고기와 빵'이 그 중심이다.

알곡을 수확하기 전 벼의 모습

빵은 밀을 빻아 만든 가공식품이다. 그래서 빵을 먹기 위해서는 곡물인 밀을 가루로 만드는 작업이 뒤따르게 된다. 고대 로마시대부터 밀을 빻는 작업은 대단한 고역의 하나였다. 고대 노예사회에서는 밀을 빻는 작업은 노예들의 몫이었다. 그래서 많은 노예들이 밀 빻는 데 동원되었다.

그러나 고대로부터 중세에 이르는 동안, 유럽은 전염병에 의한 인구 감소와 노예제도의 후퇴로 밀 빻는 작업은 점차 어려워졌다. 이로 인해 물레방아를 돌려 밀을 빻는 방법이 나오게 된다. 물레방아의 발명은 밀을 빻는 혹독한 노동으로부터 인간을 해방시키는 중요한 의미를 지니게 되어 3세기 이후 물레방아는 유럽 전역에 보급되기 시작했다.

한편 1774년 제임스 와트(J. Watt)에 의해 발명된 증기기관은 유럽의 사회를 크게 변화시키게 된다. 예컨대 증기기관이 산업 모든 분야에 도입되어 유럽의 생산력을 크게 상승시킨 것이다. 빵의 역사도 예외는 아니다. 노예와 가축, 물레방아에 의존하던 제분산업과 제빵산업이 증기기관의 발명으로 눈부시게 발전하여 유럽사회 경공업 발전의 기틀을 마련케 한 것이다.

하지만 유럽의 역사를 보면 고기와 빵 이외에도 감자와 메밀 역시 유럽사회의 중요한 식량의 하나였다. 유럽 사람들은 메밀을 가지고 죽을 쑤어 먹었다. 밀을 가지고 빵을 만들어 먹는 것과는 전혀 다른 방법이다. 유럽에서 메밀은 곡물가격이 폭등할 때 유럽 사람들이 즐겨 먹는 식량이었다.

메밀은 주로 유럽의 서북부 지역인 네덜란드와 독일의 북부 일부에서 재배되었던 것으로 전해지고 있다. 그 역사는 14세기로 다른 곡물에 비하면 그렇게 길다고 말할 수는 없다. 이후 18~19세기에 아일랜드에서 확대된 감자의 고조병 파동 이후 메밀은 또다시 감자에 대신하여 유럽의 식량으로 자리 잡게 된 것이다.

사실 감자 역시 유럽사회의 중요한 식량의 하나였다. 감자는 전분질이 많고 단백질도 풍부하다. 밀과 비교하면 전분질이 2배에서 3배 정도 더 높다. 그래서 식량으로 이용하기에는 매우 좋은 작물이다. 원래 감자는 남미 안데스산맥의 고원지대에서 재배되어, 나중에 유럽으로 전해졌을 것이라는 추정이 있는데, 첫 상륙지는 아마 영국의 아일랜드인 듯하다.

유럽 사람들이 감자를 먹게 된 직접적인 원인은 혹독한 기근과 밀 가격의 상승 때문이었다. 곡물의 흉작으로 인한 기근과 18세기 중엽 유럽지역의 곡물파동으로 인한 밀 가격의 상승으로 유럽, 특히 아일랜드에서는 감자재배가 급속하게 확대되었다. 그러나 이 무렵 감자에 고조병(高凋病)이라고 하는 역병이 발생하게 된다. 고조병은 감자의 연작(連作) 때문에 발생하는 전염병으로 습기가 많은 진흙땅이나 배수가 불량한 밭에서 많이 발생했다. 그리고 전염성도 매우 강했다.

이로 인해 아일랜드의 감자생산이 큰 타격을 받게 된다. 이와 같은 감자의 역병으로 아일랜드에는 세기에 유래 없는 대기근이 발생하게 된다. 이어 1845년 이후 3년간 다시 아일랜드에서 고조병이 극치를 이루게 된다. 그리하여 수많은 아일랜드 사람들이 신대륙 미국과 캐나다의 신천지를 찾아 이민을 떠나게 된다.

그러나 이민을 떠나는 과정에서 수많은 아일랜드 사람들이 신대륙을 채 밟지도 못한 채 죽어 갔다. 또한 기근으로 인한 황열병으로 미국의 뉴올리언스에 도착한 이민자들 역시 많은 사람들이 목숨을 잃게 된다. 이처럼 감자의 연작피해는 유럽의 역사를 빵 문화로 바꾸어 놓는 계기가 된다.

연작피해 없고 쌀빵 쌀캔 등 1회용까지 등장

유럽에서 빵이 주식으로 자리매김까지는 그만큼 험난한 역사가 있었다. 그러나 우리가 주식으로 하는 쌀농사는 기상이변이 없는 한 연작피해의 사례를 찾아보기도 힘들고 그로 인한 재해도 상대적으로 극심하지 않았다. 그리고 쉽게 우리 주식으로 자리 잡았다. 쌀은 그만큼 안정된 식생활을 우리에게 제공해 주고 있는 것이다.

때맞춰 쌀빵과 쌀캔이 시중에 얼굴을 내밀었다. 쌀캔의 경우, 별도로 씻을 필요 없이 물만 붓고 밥을 지으면 되기 때문에 분명 소비자들의 눈길을 사로잡을 것이다.

수입개방의 빗장을 풀어 버린 현실에서, 이제야 말로 쌀테크 전략이 절실한 때이다. 아마 배빵에 이어 최근 인기 상종가를 달리고 있는 쌀빵과 쌀캔의 등장은 수입개방의 파고를 뛰어 넘을 수 있는 신호탄이 될 수 있을 것이다.

(2005. 8)

한국농촌의 경쟁력, 고품질쌀

'쌀은 우리의 생명' 일깨우는 '부부의 기도'

계곡물이 차갑다. 밤송이가 가을빛에 연초록의 광채를 띠고 있는 걸 보면, 어느새 황금빛 들녘에도 가을이 찾아온 모양이다. 앞개울 건너편에 개복숭아가 무르익기 시작하면서 벌레가 기승을 부리는 걸 보면, 분명 여름이 사라지고 있다. 세월이 멈춰선 듯 고즈넉한 고향을 떠올리고 있노라니, 불현듯 어릴 적 고향마을회관 거울 위에 붙어 있던 <밀레의 만종> 그림이 떠오른다.

〈밀레의 만종〉

필자는 어렸을 적부터 밀레의 그림을 좋아했다. <이삭을 줍기> 그림도 좋았고, <씨를 뿌리는 사람> 그림도 좋았다. 아울러 <밀레의 만종(晩鐘)>은 지금까지도 가슴속에 행복의 이미지로 아로새겨 주고 있다. 어린 시절의 아름다운 이미지가 가슴속에 그대로 되살아나는 것 같다.

특히 <밀레의 만종> 앞에 섰을 때는 인생의 시와 진실에 부딪치는 것 같았다. 그 소박성이 좋고, 그 진실성이 마음에 들었다.

　가난한 농부의 아들로 태어난 밀레는 일생 동안 일하는 농부들을 그의 화제로 삼았다. 마을 사람들이 푼푼이 모아 준 노자로 파리에 가서 그림 공부를 하였고, 고향에 돌아와서는 농사를 지으면서 그림을 그렸다.

　살기 위한 괴로운 노동을 그리려고 한 밀레의 자세는 농촌 인구가 도시에 많이 유입하여 농촌이 황폐해지는 시대를 반영하였다. <이삭 줍기>, <만종>, <양치는 소녀>, <씨를 뿌리는 사람> 등의 대표적인 작품만 보아도 농촌지킴이 역할을 톡톡히 해냈는가를 알 수가 있는 대목이다.

　하지만 '농촌지킴이'이었던 밀레의 슬픈 사연은 오늘을 사는 우리에게 잔잔한 감동과 교훈을 던져준다. 당시 농촌의 아름다운 전원과 농부들을 그렸지만 당시에는 그를 알아주는 사람이 없었다.

　밀레는 화려한 거실에 걸리는 그림이 아닌 살아 있는 그림을 그리고자 했다. 이러한 밀레의 마음을 이해해 주는 사람은 친구인 철학자 루소와 아내뿐이었다. 밀레가 <접목을 하고 있는 농부>를 그리고 있을 때였다. 그림 한 점 팔지 못한 밀레는 불기 없는 냉방에서 그림을 그렸으며 아내와 아이들은 며칠째 굶고 있었다. 식량과 땔감이 떨어진 것이다. 그림을 완성한 밀레가 기쁜 얼굴로 가족들을 돌아보았지만 아내와 아이들은 핼쑥한 얼굴로 웃고 있었다. 밀레는 너무나 미안한 마음에 목이 메었다. '어서 빨리 이 그림을 팔아서 양식을 구해 와야지.'

　밀레가 주섬주섬 옷을 입고 있는데 친구인 루소가 찾아왔다. 여보게 밀레, 내가 기쁜 소식을 가져왔네. 드디어 자네 그림을 이해하고 사겠다는 사람이 나타났단 말일세.

　루소는 자기 일처럼 기뻐했다. 그런데 그 사람이 나에게 돈을 주며 대신 그림을 골라 오라고 부탁했네 자, 여기 돈 받게나. 루소는 두툼한 지폐 뭉치를 밀레의 손에 쥐어 주며 말했다. 그리고 밀레가 막 끝낸 그림 <접목을 하고 있는 농부>를 들고 돌아갔다.

그리고 몇 년이 흘렀다. 밀레가 루소의 집을 방문했다. 루소는 마침 외출 중이어서 밀레는 루소가 올 때까지 기다리기 위해 방으로 들어갔다. 그런데 한쪽 벽에 낯익은 그림 한 점이 걸려 있는 것을 보게 되었다.

그 그림을 본 밀레는 깜짝 놀랐다. 그것은 몇 년 전에 밀레가 그린 <접목을 하고 있는 농부>였던 것이다. 루소의 따뜻한 마음을 안 밀레의 가슴은 뭉클해졌다. 그의 눈엔 눈물이 가득 차 오르고 있었다.(<좋은 생각> 중에서)

쌀 개방, 요즘 우리에게 익숙하게 들리는 낱말이다. 초국적 자본의 힘에 눌려 쌀 개방이 현실화된 입장에서 쌀 개방 반대를 위해 농업인의 저항과 투쟁은 어쩌면 당연하다. 문제는 농업인이 아닌 대다수의 국민들은 쌀 개방으로 인해 이후 우리들에게 어떤 재앙이 따를 것인가에 대해 심각성을 느끼지 못하고 있다는 데 있다. 특히 햄버거를 즐겨먹는 디지털세대는 쌀의 가치를 알려고 하지 않는다.

하지만 어떠한 일이 있어도 쌀만은 지켜야 한다. 쌀은 생명이다. 그러기 때문에 앞으로도 그 누군가는 쌀농사를 질 것이며 그 쌀을 짓는 사람이 이제는 곡간 열쇠를 가지게 될 것이다. 이젠 그 열쇠를 가진 농업인에게 우리의 생명을 의지할 수밖에 없는 상황이 올 것이다. 그래서 우리의 생명을 지키기 위해 쌀을 지켜야 한다.

그렇다면 어떻게 해야 쌀을 지킬 수 있을까? 먼저 생명 있는 쌀을 생산하고 생명 있는 쌀을 사먹어 주는 일일 것이다.

그런 의미에서 이 시대를 살아가는 우리에게 밀레의 만종은 '경종'을 울려 주고 있는 것이다.

보지 않았던가. 석양을 등지고 손을 모으고 기도하면서 서 있는 두 사람을.

(2005. 8)

"신토불이 밥맛·신선도 끝내줘요"

요즘 독도에 대한 사랑이 가을이 찾아오면서 식어 가는 느낌이다. 한여름까지 그렇게 뜨거웠던 열기가 어디로 갔는지 우울하기 그지없다.

하지만 힘을 내자. 독도가 우리 땅이라는 14가지 근거가 있고, 우리 쌀이 세계최고라는 26가지 증거가 있다. 우선 '신용하 교수'가 말하는 독도가 우리 땅이라는 역사적 근거부터 알아보자.

하나, 독도는 서기 512년(신라 지증왕 13년)에 우산국이 신라에 병합될 때부터 한국의 고유영토가 되었다.

독도수호대

둘, 서기 1737년 프랑스의 유명한 지리학자 당빌이 그린 <조선왕국 전도>에도 독도(우산도)가 조선왕국 영토로 그려져 있다.

셋, 1667년의 일본 고문헌 '은주시청합기'에도 울릉도와 독도 옆에 조선의 것이라고 글자를 써넣었다.

넷, 1696년 일본정부는 일본 어부들의 울릉도 독도 고기잡이를 엄금했다.

다섯, 19세기 일본 메이지 정부 외무성의 "일본외교문서에도 울릉도와 독도가 조선부속으로 되어 있다"라는 실증자료가 수록되어 있다.

여섯, 일본 내무성은 시마네현에게 "울릉도와 독도는 조선 영토이고 일본과는 관계없는 땅임"이라고 결정하였다.

일곱, 일본 최고 국가기관인 태정관 또한 "울릉도와 독도는 일본과 관계없다는 것을 심득(心得, 마음에 익힐 것)할 것"이라는 훈령을 내무성에 내려 보냈다.

19세기 대한제국 지도 울릉도 · 독도 한국영토 표시

여덟, 19세기 말 갑오개혁 후 작성된 대한제국 정부의 근대적 한국 지도에서는 울릉도와 독도를 정확한 위치에 표시하고 한국영토임을 명백히 하였다.

아홉, 1900년 대한제국 칙령 제41호에는 독도를 한국 영토로 세계에 공표하였고 서양 사람들은 독도를 '리앙쿠르 바위섬'이라고 호칭하였다.

열, 일본은 1905년 갑자기 내각회의에서 독도를 일본 영토로 편입, 다케 시마로 명명하였다.

열하나, 연합국 최고사령부는 1946년 1월 한반도 주변의 제주도, 울릉도, 독도 등을 일본 주권에서 제외하여 한국에 반환하는 군령을 발표하였다.

열둘, 1950년 연합국은 다시 한 번 '구일본 영토 처리에 관한 합의서'에서 독도는 일본이 한국에 반환해야 할 영토라고 밝혔다.

열셋, 미국은 일본의 맹렬한 로비로 샌프란시스코 '對 일본강화조약'에서 독도를 누락하고 말았다.

우리 쌀이 세계 최고

열넷, 1950년 유엔군은 독도를 한국영토로 인정하여, 한반도와 함께 방위할 수 있도록 했다.

이러한 명백한 증거에도 불구하고 독도를 일본영토라는 주장이 안 나오도록 우리의 독도 사랑은 더욱더 확산되어야 한다.

아울러 우리 쌀이 세계 최고라는 26가지 증거가 있다.

하나, 가장 밥맛이 뛰어나다. 작년 재작년 12대 러브미에 2년 연속 선정된 한눈에 반한 쌀, 달마지쌀, 드림생미, 김포금쌀, 5℃이온쌀 등 우수브랜드쌀은 세계 어느 나라 쌀과 견주어도 뒤지지 않고 밥맛이 탁월하다는 증거가 있다. 특히 가장 밥맛이 좋은 쌀은 만생종이나 극만생종이다. 우리나라에서 생산하는 대부분의 쌀은 여기에 속한다. 반면 세계의 쌀 생산량은 4억 톤인데 80% 정도가 푸석푸석하여 밥맛이 없는 인디카(장립종)이고 가장 밥맛이 좋은 자포니카(단립종)쌀은 생산량이 얼마 되지 않는다.

둘, 가장 신선하다. 예컨대 즉시 가공한 쌀을 먹을 수 있다. 쌀의 본래의 맛을 상미라 한다. 상미기간은 가공일로부터 하절기 15일 동절기 30일 이내이다.

셋, 우리 쌀에는 테마가 있다.

넷, 소비자들의 다양한 기호에 맞는 다품목·소량 주문생산을 하고 있다.

다섯, 농업인들이 온갖 정성을 들여 생산한다. 예컨대 우리나라 쌀

농사는 88번의 수고(노동)가 들어간다고 한다.

여섯, 신토불이 농산물이다. 예컨대 우리 몸에는 우리 것이다. 수천 년 세월 동안 우리강산에서 생산된 농산물이 우리 체질을 만들어 왔고 우리 건강을 지켜 왔다.

일곱, 밥맛(우수 브랜드 쌀)이 연중 균일하다. 예컨대 우수 브랜드 쌀은 수확 후 보관·가공·유통이 일관적이고 체계적으로 이루어진다.

간척지 논 세계 최고 영양분·미네랄 풍부

여덟, 우리나라는 세계에서 가장 많은 간척지 논을 보유하고 있으며 여기에서 생산된 쌀은 각종 영양분과 미네랄이 풍부하게 들어 있다.

아홉, 우리 몸에 유익한 다양한 기능성 쌀이 생산된다. 예컨대 게르마늄, 셀레늄, 키토산 등기능성 쌀이 봇물처럼 쏟아지고 있다.

열, 부한한 가치가 있는 농촌문화의 본류이다.

열하나, 가장 어렵고 순박한 농업인들을 부양하고 있다. 예컨대 우리나라 농가 수는 130만 호로 부양가족이 350만 명이다. 그런데 쌀 개방을 강요하고 있는 미국의 경우 9천 호로 수입쌀을 쓰게 되면 미국의 한 농가를 위하여 우리농업인 130농가를 죽이는 격이다.

열둘, 쌀을 생산한 논은 식량 이외의 다원적인 가치를 제공한다. 1년에 생산한 쌀의 가치는 10조 원이나 문화·사회·환경 등 다원적인 가치는 93조 원으로 추산된다.

열셋, 우리 쌀은 가장 신뢰할 수 있다.

열넷, 세계에서 가장 농사를 잘 짓는 농업인들이 생산한 쌀이다. 사과, 배, 포도, 복숭아, 수박, 메론 등 우리 농산물의 품질은 세계초일류이며, 쌀 농업은 건국 이래 지금까지 계승 발전되어 온 가장 자신 있는 농업이다.

열다섯, 우리 쌀에는 농업인들의 아름다운 감성에 깃들어 있다.

열여섯, 우리 쌀은 우리들의 부모님들과 일가·친지가 생산하고 있다.

열일곱, 쌀을 생산하는 우리 토질은 인체에 유익한 각종 영양분이 다양하게 들어 있다. 예컨대 우리나라 인삼을 최고로 평가하는 것은 우리나라의 토양 속에 인체에 유익한 성분이 많다는 것을 의미한다. 똑같은 인삼을 미국에서 생산하면 사포닌, 진세노사이드, 다당체류, 펩타이드 등 성분함량이 국내산보다 떨어진다.

열여덟, 다양한 고품질 친환경 유기농 쌀이 생산된다.

열아홉, 풍요로운 황금들녘을 직접 체험하고 직접 수확한 쌀을 먹을 수 있다.

스물, 우리 쌀은 안전하다. 100ha 이상 대규모로 쌀농사를 하는 외국의 경우 제초제를 과다하게 투여한 직파재배, 고독성 농약의 항공방제, 장기간 해상수송으로 인한 살충제의 과다 투여 등의 안전에 문제가 많다.

스물하나, 우리 쌀은 가장 신성하다. 우리조상들은 예로부터 가장 좋은 쌀을 골라서 신주단지에 보관을 하였다. 우리는 세계에서 쌀을 가장 귀하고 소중히 여기는 민족으로 쌀이 지니고 있는 가치를 가장 잘 알고 있다.

스물둘, 우리 쌀은 우리의 문화재다. 쌀은 역사상 우리 문화의 중심에서 계승·발전된 문화유산의 소산이다.

한식의 주체, 우리 맛이요 멋거리다

스물셋, 우리 쌀은 우리의 맛이요 멋거리이다. 우리의 한식은 세계가 부러워하는 음식문화다. 쌀은 한식의 주체이며, 먹거리의 핵이며, 다양한 맛과 멋을 생성하고 있다.

스물넷, 우리 쌀은 우리 입맛에 가장 잘 맞는다.

스물다섯, 우리 쌀은 효자·효녀를 낳는다고 한다. 예컨대 우리 농촌을 지키는 대부분의 농업인들은 가장 부모에게 효성이 지극한 자녀가 지키며 쌀농사를 짓고 있다. 따라서 우리 쌀의 전통과 문화적인 가치를 알고 사랑하고 애용하는 아름다운 전통은 더 많은 효자·효녀를 만들어 갈 것이다.

스물여섯, 우리 쌀은 절대로 무기로 변하지 않는다. '80년 냉해로 쌀이 부족하였을 때 미국은 국제시세의 3배의 폭리를 취한 것을 넘어서 우리의 약점을 이용하여 5년 동안 강압적으로 수입하도록 하였다.

그때 수입한 쌀 재고는 10년 동안 누적되어 쌀 재고 과잉에 시달렸다.

특히 최근 5년 동안 세계의 쌀 재고는 급격히 감소하고 있다.

반면에 미국, 유럽, 중동 지역에서는 쌀 소비가 지속적으로 증대되고 있다. 이와 같은 근거들은 우리에게 주어진 값진 선물이사, 기회라 생각된다. 5천만 온 국민이 힘을 모아 '독도는 우리 땅'이라는 것과 '우리 쌀이 세계최고'라는 사실을 전 세계에 알릴 때이다.

(2005. 9)

친환경 보약 '오리쌀' 입맛 도네

 7년 동안 침묵하던 매미가 드디어 허물을 벗고, 단단한 나무에 매달려 수액을 뚫다가 개미 떼들이 그걸 알고 달려들어 차지해 버린다. 5, 6일 정도 죽어라 악을 쓰던 매미는 스르르 생을 마감하고 그 육체마저 개미 떼들의 밥으로 제공한다. 왜 그리 악을 쓰고 울어댈까? 아이들이 잡으러 가도 도망갈 생각도 않고 그저 몸을 내 맡기는 매미, 혹 귀가 먹은 건 아닐까? 그건 아니다. 흔히들 얘기하는 짝짓기를 위해 우는 건 아닐까? 그것도 아니다. 매미는 언제나 암수가 붙어 있으니까? 아마도 환희의 찬가를 목청껏 불러대고 있는 것이 맞을 것이다.(『파브르의 곤충일기』 중에서)

 절망이라는 것은 자신의 의지와 무관하게 자신도 모르는 사이에 불쑥 찾아와 버린다. 하지만 절망의 순간이 다가왔다고 마음까지 웅크려서는 안 될 것이다. 매미를 보라. 아무리 힘들어도 희망의 찬가를 부르고 있지 않은가?

 그런 희망의 찬가가 올 여름 울진에서 울려 퍼졌다. 다름 아닌 세계친환경 농업엑스포이다. 독일, 미국, 일본에 이어 세계에서 네 번째, 우리나라에서는 처음으로 열리는 친환경 농업엑스포는 친환경 농업과 인간을 지키는 생명산업이란 주제로 바다와 계곡, 숲으로 둘러싸인 행사장에서 농업인들에게 꿈과 희망을 주는 화려한 잔치, 말 그대로 축제였다.

울진세계 친환경농업 엑스포

과거 전통농법 탈피……울진만 10만 명 '오리농군' 농촌희망

친환경 교과서나 친환경 지침서가 농군들에게 맞춤형 정보가 되기 어려운 현실에서 '울진 친환경 엑스포' 생명축제는 소중한 매뉴얼일 수밖에 없다. 분화하고 진화하는 친환경 정보를 우리 농촌 속 유전자로 바꿔 실전을 통해 검증해 나가기 위한 이번 축제는 과거 전통농법과는 여러 모로 달랐다.

이제 농업도 마을농법에서 벗어나 온라인과 오프라인에서 나름의 영역을 차지하며 각자의 방식으로 친환경 농법과 관계를 맺어 가고 있다. 그중에서도 21세기 현재진행형 '깜찍 발랄한' 오리농군들이 제 몫을 다해 주고 있다. 특히 울진군에는 10만 명(10만 마리)의 오리농군들이 있다고 한다. 도시 사람들의 찌든 입맛을 신선한 오리쌀로 보약처럼 먹게 하는 것이 오리농군들의 희망이다.

희망이 없다면 사람들이 살아가는 이 세상은 암흑과도 같을 것이다. 사람들이 그 많은 고통을 겪으면서도 버텨 나갈 수 있는 것은 단 하나, 희망이 있기 때문이다. 미국 대공황 시절 루스벨트 대통령이 기자회견을 하고 있었을 때 일이다. 기자 한사람이 그에게 이렇게 질문을 던졌다. 걱정스럽다든가 초조할 때는 어떻게 마음을 진정시키십니까?

루스벨트 대통령은 엷은 미소를 지으며 이렇게 대답했다고 한다. "휘파람을 붑니다."라고. 그러자 기자는 의외라는 듯 다시 질문을 했다. "제가 알기로는 대통령께서 휘파람을 부는 것을 보았다는 사람이 없다던데요." 그러자 루스벨트 대통령은 자신 있게 대답했다고 한다.

친환경농업을 확산, 정착 위해 금년 7월 1일 폐지된 화학비료보조 수준으로 유기질비료를 지원

"당연하죠. 난 아직 휘파람을 불어본 적이 한 번도 없으니까요." 루스벨트의 이 한마디에는 희망의 메시지가 들어 있다. 대통령으로서 초조하거나 걱정스러운 적이 없었겠는가마는 사람들에게 그런 것들은 문제없이 해결할 수 있다는 의지를 보여 준 것이다. 더불어 경기 침체의 여파 속에 있는 국민들에게 아직 미국은 든든하다는 것을 역설적으로 말하고 있다. 지치고 힘들 때 이런 말 한마디는 국민들의 마음을 평온하게 감싸준다.

이처럼 절망 속에서도 재치 있는 한마디는 사람들에게 희망과 새로운 힘을 불러일으킨다. 오늘도 고향마을 오리농장에 가을이 열리고 있다. 오늘도 새벽을 깨우는 괘종시계의 멜로디 소리가 저편에서 들려올 것이다. 그러면 오리농군들은 이렇게 속삭일 것이다. 이제 그만 일어나 들녘으로 나갈 시간이야. 아니야! 지금은 방학동안이야. 내년 개학을 위해 휴식을 가져야지!

(2005. 9)

[자연을 닮은 사람들이 부르는 쌀노래 5]

'건강 영양균형' 쌀밥만 한 게 있나요?

못 먹던 시절에는 굶주림에서 해방되는 것이 급선무였다. 그러나 80년대에 이르러 고도의 경제성장과 급격한 산업신장에 따라 국민의 식생활에 대한 가치관이 변하게 되었다. 특히 쌀의 자급자족으로 우리의 식생활이 풍요롭게 되고, 편의성을 추구하는 현대식 식단이 등장하면서 쌀밥이 설자리를 잃어 가고 있다.

편의성 추구 현대식 식단 등장……쌀밥 설자리 잃어

아울러 먹고 살 만하면 민주화 욕구가 커진다고 했던가. 이삼년간 '참살이' 웰빙바람이 신나게 불어대는가 했더니 요즘엔 '친환경적 삶' 쯤으로 이야기되는 '로하스'(LOHAS: Lifestyles Of Heath And Sustainability)라는 풍조가 고개를 들고 있다.

로하스는 웰빙의 부족한 점을 극복하기 위해 발전된 개념으로 자신의 육체적, 정신적 건강에 더하여 내 자식과 후손도 잘살 수 있는 소비기반의 지속 가능성을 염두에 두고 있다. 특히 나뿐만 아니라 사회와 미래를 함께 생각하는 진정한 '신참살이'의 개념이라고 할 수 있다.

북한에서 부르는 쌀밥나무

　이러한 로하스 개념의 필요성을 단적으로 보여 준 사례가 바로 유기농산물이다. 즉 소비자가 유기농산물을 구매함에 있어서 자신의 일시적 건강만을 생각해서 구매한다는 차원 이외에 유기농산물 재배를 통해 우리가 사는 지역의 생태계를 건강하게 복원시키고 궁극적으로 쾌적한 주거환경에 기반한 건강도모의 의미까지 포함하는 것이 진정한 참살이라는 것이다.

　진정 오늘날처럼 자신의 건강과 친환경기반에 관심이 높은 때는 없었던 것 같다. 그렇다면 우리의 주식인 쌀은 건강과 어떤 관계가 있을까. 한번 따져 보자.

　일반적으로 식생활은 민족, 인종에 따라서 인체의 생리작용이 상이하다. 하지만 한국인은 옛날부터 오랫동안 쌀밥을 먹어 왔다. 그 결과 쌀밥을 먹는 식습관에 길들여져 있고 소화흡수도 잘된다.

예컨대 치아의 형태나 장의 길이, 소화액의 분비, 장내세균을 위시해서 우리의 신체는 쌀밥에 알맞게 적응되어 있다.

그런데도 신세대들은 아는지 모르는지 쌀밥보다 빵을 많이 찾는다. 필자는 강의 중에 간혹 쌀밥이 좋은지, 빵이 좋은지 질문을 하는 경우가 있다. 지금부터 그 해답을 찾아보도록 하자.

빵 · 커피, 쌀밥 · 생선구이보다 영양성 떨어져

우리가 먹는 쌀밥

쌀밥은 기본적으로 쌀의 기호성, 경제성, 생산성 등을 특징으로 하고 있는 반면, 빵은 쌀에 비해 비타민 B1이 더 많으며 경제적으로 선진화된 구미 여러 나라에서 먹고 있는 것이므로 좋은 것이라고 착각하는 사람도 더러 있다.

문제는 우리가 먹는 식사가 쌀밥만 또는 빵만 먹는 것이 아니므로 쌀밥과 빵의 영양학적 가치의 우열을 논할 수만은 없다. 중요한건 쌀밥과 같이 먹는 반찬이 무엇인가, 그리고 빵과 같이 곁들인 식품을 모두 합한 전체의 식사가 좋고 나쁜 것을 비교해야 한다. 즉 우리들의 식사의 우열을 지배하는 것은 주식과 부식의 질과 양의 문제가 된다.

예를 들면 빵과 버터, 빵과 커피는 쌀밥과 생선구이, 김치를 곁들인 식사보다 떨어진다. 또한 쌀밥과 김치, 쌀밥과 된장국은 빵과 스프, 우유, 샐러드로 된 식사보다 떨어지게 된다. 쌀밥이든 빵이든 이들 식품과 곁들이는 부식에 의해서 그 영양성이 달라진다. 이처럼 맛의 배합이라는 점에서 빵과 된장국보다는 빵과 크림스프가 적합하다.

서양식사 동물성 단백질 지방 많아

특히 보존식품을 주축으로 한 서구 식사의 간편성 때문에 아침식사에 빵이 일찍이 보급되었다. 하지만 서양식사는 동물성 단백질과 지방 등의 공급이 많다. 이에 비해 쌀밥은 맛이 산뜻하므로 부식도 기름지지 않고 향기가 있다.

쌀밥의 가장 큰 장점은 빵보다 훨씬 많은 여러 가지 종류의 부식을 같이 먹게 되어 영양의 밸런스를 알맞게 할 수 있다는 점에서 쌀밥은 건강에 특히 좋다.

"쌀을 식량으로 하는 민족은 번영한다. 단위면적으로부터 얻을 수 있는 칼로리는 최대가 된다."라고 말한 경제학자 아담 스미스의 말을 되새겨 보면 쌀밥과 빵의 건강게임의 승자를 알 수 있을 것이다.

(2005. 10)

아침밥 챙겨 먹는 건강 미인이 최고

본래 미인이 되고자 하는 소망은 고대 이집트 시대부터 사람들이 꿈꾸어 온 기본적인 소망 중의 하나다.

클레오파트라의 코가 1㎝만 높았더라면 하는 꿈을 꾸었듯이, 백설 공주에 나오는 마녀가 거울에게 이 세상에서 누가 제일 예쁘냐고 물었듯이 인간의 문명이 시작되면서부터 현재까지, 아니 인류가 존속하는 언제까지라도 미에 대한 소망은 계속될 것이다.

현대 미인은 정신과 건강 소홀해

국제화 바람이 불면서 현대 미인의 모습은 과거 미인의 모습과는 많이 달라진 게 사실이다. 하지만 미인이 되고자 하는 마음이 앞선 나머지, 식사를 굶는 것은 기본이고, 성형수술을 하는 사람들은 늘어만 가고 있다. 물론 좋은 모습으로 바꾸어지려는 욕망은 이해한다. 문제는 정신과 건강이 실종되고 있다는 데 있다. 여기에 바로 현대 미인의 문제점이 있다.

반면, 예나 지금이나 미인들은 일반적으로 다음과 같은 속성을 가지고 있다고 한다.

첫째, 가능한 한 스트레스를 빨리 해소한다. 미인의 최대의 적은 스트레스이며 이는 정신적으로 생긴 스트레스가 신체 내부에서 독소를 만들어 내어 각종 소화불량 내지는 유해산소를 배출하여 피부에 엄청난 손실을 가져온다.

둘째, 잠잘 때 깊은 수면을 취한다. 인간에게 있어 잠은 활동시간에 쌓였던 스트레스를 풀고 피로를 해소할 수 있는 필요불가결한 시간이다.

셋째, 정기적으로 적당한 운동을 한다. 운동은 근육을 발달시켜 기초 대사량을 늘려 살이 찌지 않는 체질로 만들어준다.

넷째, 정기적으로 정신수양을 한다. 물론 바쁜 현대 생활에 독서할 시간이 많지 않지만 짬을 내어 하루에 단 한 시간이라도 독서할 수 있는 시간을 만드는 것이 좋다. 아무리 얼굴이 예쁘고 본바탕이 좋다고 해도 수양이 안 된 미인은 진짜 미인이 아니다. 정신수양에는 독서 외에도 서예, 꽃꽂이, 수예 등 기본적으로 할 수 있는 것은 많다.

다섯째, 항상 유머를 잃지 않고 여유를 가진다. 바쁜 현대생활, 급변하는 환경에 따라 현대인의 성격도 성질을 잘 내는 급한 성격으로 바뀌어 간다고는 하지만 항상 유머를 간직하고 실생활에 쓰다 보면 그만큼 스트레스도 덜 받고 여유로워진다.

여섯째, 항상 남보다 먼저 일어나고 남보다 늦게 자리에 눕는다. 예로부터 미인은 남에게 잠자는 모습을 잘 보이질 않았다고 한다. 그만큼 부지런하게 움직이고 쉴 새 없이 자기연마를 하다 보니 남에게 허튼 몸가짐을 보이지 않았던 것으로 보인다.

이처럼 미인은 예나 지금이나 '절제된 아름다움'이 최상이라는 데는 변함이 없다. 다만 한 가지 보완한다면, 아침밥을 거르지 않는 일

이다. 꾸며진 아름다움은 건강치 못한 사람이며, 환자일 뿐이다. 이제
는 미인의 정체성(正體性)에 대한 인식이 한 단계 올라설 때가 됐다.

약보(藥補)는 육보(肉補)보다 못하고 육보(肉補)는 식보(食補)보다 못하다

정신과 건강이 조화를 이룬 상태에서 자신만의 개성을 최대한 살릴
수 있는 방향으로 아름다움을 가꾸는 사람이 진짜 미인이라 생각된다.
그중에서도 아침밥을 꼭 챙겨 먹는 미인(米人)은 건강 미인의 으뜸일
게다.

전통적으로 우리의 쌀밥은 맛이 산뜻함은 물론이고 부식도 기름지
지 않고 향기가 짙은 것이 특징이어서 밥이 보약이란 말이 저절로 생
길 정도였다.

우리가 먹는 쌀밥

또한 쌀밥은 주요 에너
지 공급원으로 뿐만 아니
라 비만방지, 당뇨예방, 혈
중콜레스테롤 저하 등 다
양한 인체 생리효과를 지
닌 우수한 식품으로 검증
된 바 있다. 뭐니 뭐니 해
도 쌀밥의 가장 큰 장점은
빵보다 훨씬 많은 여러 가
지 종류의 부식을 같이 먹게 되어 영양의 밸런스를 알맞게 할 수 있다.
특히 쌀밥과 김치를 함께 섭취할 경우 피로회복과 스태미너 증진에 높
은 효과가 있는 것으로 증명되어 운동하기에 적합하다.

이제 미인의 조건을 새로 바꾸어야 한다. 허리가 가늘고, 다리가 가

늘고 길어야 한다는 생각보다는 쌀밥과 김치로 영양균형을 맞추고, 적당한 운동으로 몸을 잘 지탱해 줄 그러한 다리가 미인의 다리임을 명심해야 한다.

우리는 갈수록 바쁜 세상에서 살고 있다. 이런 불규칙한 환경 속에서 환자 미인으로 전락되지 않으려면 아침밥을 꼭 챙겨 먹고 제철 과일을 찾으며 규칙적인 운동을 습관화해야 한다. 그래야 진짜 미인이 될 수 있다. 건강을 잃으면 모든 것이 물거품이 된다.

약보(藥補)는 육보(肉補)보다 못하고 육보(肉補)는 식보(食補)보다 못하단 말을 되새겨 보면, '미인(米人)이 곧 미인(美人)이다'라는 지혜를 터득할 수 있을 것이다.

(2005. 12)

쌀 농업 자생력은 식량안보와 직결

흔히 요즘을 '정답이 없는 시대'라고 한다. 일반서민은 물론이고 예전에는 정답을 쥐고 있다고 자부하던 각 분야 전문가, 기업가, 정치가 등 사회리더층에 속하는 사람들조차 명쾌한 정답을 제시하지 못하고 있다.

지금까지 대부분 조직에서는 상사로 불리는 사람들이 누구나 인정하는 정답의 보유자로 군림해 왔다. 그들의 주된 역할은 '이렇게 해야 한다', '저렇게 하면 된다'라며 정답을 지시 명령해 왔고, 직원들은 그것을 따르기만 하면 되었다. 그러나 이제는 아니다.

그렇다면 정답은 이 세상에서 사라진 것일까. 아니면 정답과 오답이 구별 없는 세상이 된 것일까. 둘 다 아니다. 자연의 법칙처럼 정답은 우리가 미처 깨닫지 못하는 사이에 '고산'(高山)에서 '저산'(低山)으로 이동한 것이다.

예컨대 정보통신기술의 발달로 '저산'(低山)에 있는 사람들이 '고산'(高山)에 있는 사람들보다 유연한 사고, 다양성, 복합성 하모니를 접했기 때문이다. 그런 의미에서 오늘의 농촌 속을 들여다 보자.

요즘 농민들 보기가 안타깝다. 국회에서 쌀 협상 비준안 통과 후 전국적인 야적시위가 그칠 줄 모르는 가운데 우리의 생명줄인 쌀이 길가에 내 팽개쳐진 채 홀대를 받고 있다.

　당장 올해부터 10년 동안 관세화를 유예하는 대신 의무 수입량이 늘어나고, 그 일부는 밥쌀용으로 시장에 유통된다. 쌀 수입량은 올해 22만5575톤에서 2014년에는 40만8700톤으로 증가하며, 시장에 유통되는 수입쌀은 2만2558톤에서 12만2610톤으로 늘어난다.

　우리 쌀도 산더미처럼 쌓여 있는데, 먼 바다를 건너 활개치고 들어올 수입쌀을 생각하자면 우리 농촌이 생명의 땅이라는 모습조차 지탱해 낼 수 있을지 걱정스럽기 그지없다.

　정부도 쌀시장 개방이 본격화되었다는 현실을 인정하고, 구체적인 대응전략을 수립해 실천하는 데 모든 역량을 모아 가고 있다. 이는 수입 개방이라는 새로운 환경을 맞아 과거의 제도나 행동양식에 얽매이다 보면, 상대적으로 그만큼 사회적 비용이 늘어나는 까닭에 먼저 발전적 대안을 강구해 보자는 데 의미 부여를 한 것으로 판단된다.

하지만 우리나라 쌀 산업이 지속되려면 가격은 국제가격 수준으로 하락해야 하는 반면, 품질은 고급화되어야 한다는 이중고를 겪게 되는 셈이다. 품질 고급화도 쉬운 일이 아니지만 지속적인 가격하락을 농가 스스로 감내하기는 더더욱 어렵다.

따라서 가격하락으로 소득이 줄어드는 경우, 경제적 지원은 불가피하다. 물론 목표가격과 시장가격 차이의 85%를 국가에서 보전해 주는 소득지원 정책이 마련된 까닭에 안심은 되지만, 문제는 철저한 경쟁논리에 의한 구조조정 촉진을 사뭇 강조하는 데 반론이 있을 수 있다.

예컨대 우리의 쌀농사는 규모가 작고 고령의 농민이 많은 취약한 구조이다. 급격한 구조조정은 특히 큰 사회적 비용을 치르게 된다는 점을 감안해야 한다.

일방적 정책 아닌 농민이 신뢰할 수 있는 농정 제시돼야

앞으로 우리 쌀 판매처를 지구촌으로 확대하는 발상전환도 필요하지만, 1차적으로 국내소비자뿐만 아니라 세계인의 입맛에 맞는 쌀을 생산하려는 적극적인 환경조성이 필요하다. 그러기 위해서는 농민의 소리를 적극적으로 경청해야 한다. 여전히 나한테만 해답이 있다고 믿고, 과거의 경험적 가치에 기초를 둔 지시명령형 커뮤니케이션으로 의사결정을 해서는 안 된다.

이제는 고산(高山)에 있는 사람들의 정답에 대한 패러다임도 바뀔 때가 되었다. 정답은 더 이상 고산(高山)층인 정책리더에게 있는 것만은 아니라는 사실도 인정해야 한다. 실제적으로 사회 각 분야에서 정답의 권력이동이 일어나고 있다.

따라서 저산(低山)층인 농민들이 가지고 있는 정답을 잠재의식 속에서 끄집어내기 위해서는 '무엇이 필요한가'라고 질문을 해보아야 한다.

작금의 농업, 농촌의 위기를 극복하기 위해서는 농민과 정부 및 관련 기관 모두의 역량을 결집하여 쌀 농업의 자생력을 키우기 위한 노력은 필수다.

　특히 정부는 국민이 납득할 수 있는 식량안보 정책과 농민이 전적으로 신뢰할 수 있는 농정정책을 구체적으로 제시하고 적극적으로 홍보해야 하며, 이 기회에 국민들도 식량안보의 중요성과 심각성을 재차 인식하는 계기가 되어야 하는 한편 농민도 합리적인 해답을 찾기 위한 노력이 절실할 때이다.

(2005. 12)

친환경 쌀 생산 인프라 구축으로 개방파고 넘자

쌀은 우리 국민의 주식일 뿐만 아니라 농민의 필수소득원으로서 농업 소득의 41%를 차지하고 있는 바 식량안보 차원에서도 매우 중요하다.

전국 고품질 우수브랜드 쌀 한자리에

하지만 2005년 11월 5일 '한국농업 비상시국에 대한 성명' 발표에 이어 쌀 협상 비준안 통과 이후 쌀값이 하락세를 면치 못하고 있다.

우리나라 쌀 산업은 생명산업인 동시에 환경산업·안보산업이라는 사실을 고려할 때 정부의 지원과 더불어 계속 발전시켜 나가야 할 것이며, 현 시점에서 생산비 절감과 미질 향상만이 쌀의 경쟁력을 높여 쌀 산업을 육성시킬 수 있는 최선의 방법이다.

물론 우리나라도 쌀 경쟁력 제고를 위한 노력을 게을리 한 것만은 아니다. 과거 80년대는 쌀의 자급달성과 함께 양보다는 밥맛이 좋은 쌀을 찾기에 노력하였으며, 90년대는 질 좋은 쌀이 개발되면서 미곡종합처리장이 설치되었고, 청결미의 유통이 확대됨에 따라 대내외적으로 우리 쌀의 우수성을 인정받게 되었다.

그 결과 쌀값이 상대적으로 비싸더라도 밥맛이 좋은 쌀을 선호하게 되었으며, 좋은 쌀을 개발하여 생산하는 것이 우리나라 쌀농사를 지키는 중요한 요인이라 생각하게 됐다.

고품질 쌀의 개념은 그 나라의 사회문화, 기호도, 사회적·경제적 여건, 기타 영양상태 등 종합적인 특성에 따라 차이가 있어 특정기준만으로는 판단하기는 어렵다.

하지만 역사적으로 우리나라 충북 청원군 소로리에서 발견된 볍씨가 세계에서 가장 오래된 재배 볍씨(약 1만5000년 전 것)로 세계 고고학대회에서 증명되어, 그동안 국제적으로 가장 오래된 것으로 인정받아 왔던 중국 후난(湖南)성 출토 볍씨보다도 약 3000년이나 더 앞선 사실만 보아도 쌀의 종주국임에는 틀림없다.

문제는 우리 쌀이 경쟁력 측면에서 국제화가 가능한가에 있다. 예컨대 우리 쌀은 그동안 재배 관행을 개선하고 가공·유통 단계의 품질관리를 해 왔지만, 외관이나 맛에서 외국의 고품질 쌀에 비해 월등한 수준은 되지 못한다는 사실이다.

이해를 돕기 위해 쌀 품질에 관여하는 요소를 살펴보면, 기본적으로 모양, 크기, 심복백, 투명도, 윤기 등의 외관특성과 아밀로스 함량,

단백질 함량, 알카리 붕괴도, 밥의 조직감 등의 이화학적 특성을 들
수 있다.

또 쌀 품질 및 밥맛에 영향을 주는 요인은 품종, 기상, 토양, 재배
조건, 수확시기, 건조, 도정, 저장 조건 등이며, 특히 산지와 품종에
따라 크게 좌우되고 있고, 재배조건으로는 이앙시기, 질소시비량 및
방법, 물 관리와 등숙기의 물대는 시기 등이 크게 영향을 주는 것으
로 알려져 있다.

아울러 최근에는 품종개량, 재배방법의 개선에 의하여 산지별, 품종
별 품질 차이는 점차 감소하는 경향이어서 건조, 저장, 가공 등의 수
확 후 관리방법이 품질을 결정하는 주요 인자로 인식되고 있다.

이상을 종합해 볼 때 쌀 품질 고급화를 위한 인프라 구축이 필연적
이다. 중국의 경우 지난해 7월에 중국 녹색식품발전센터인 중국 녹색
식품협회에서는 흑룡강성 경안현을 중국 첫 녹색농업시범구로로 확정
했다. 현재 경안현 녹색식품 재배면적은 176만 평으로 경작지 면적의
78.9%를 차지한다.

중국 정부는 50만 무에 달하는 녹색벼기지를 표준화 생산기지로 확
정했고, 12만 무에 달하는 녹색벼기지를 성급과학기술시범단지로 확
정했다. 그 후 경안현은 녹색제품 5대류 26가지를 개발하여 녹색식품
개발 5대 산업 체인을 형성했다.

2004년 녹색식품개발로 현지 농민들은 3억 원에 달하는 수입을 올렸
고 기업은 5100만 원에 달하는 성과를 달성했고, 관련 산업을 이끌어 4
억6000만 원에 달하는 수입을 올렸다.

우리나라의 경우 올해부터 당장 수입쌀이 시중에서 유통되게 되는
데, 최근 국제 곡물시장에서 거래되는 외국 쌀보다 우리 쌀값이 4배
정도 비싸다. 따라서 수입쌀과의 가격경쟁력에서는 밀릴 수밖에 없다.

하지만 값이 싸지만 맛이 없는 쌀보다는 값은 좀 비싸도 맛있는 쌀

이 더 경쟁력이 있다는 데 주지할 필요가 있다. 아울러 중국보다 조금 앞선 경제에 대한 위험한 자만을 버려야 한다. 미국을 제치고 한국 무역에 제일의 시장이 되고 있는 중국과의 교류에서 이 홍수처럼 쏟아지고 있는 농산물개방의 압력을 무엇으로 대처할 수 있을까.

우리는 지난 IMF의 극복사례들을 통해서 역시 그 지혜를 얻을 수밖에 없다. 국민 모두가 혼연일체가 되어 깨어진 경제를 정상의 자리로 재생시켰듯이 이제는 쌀 품질 고급화을 위해 지혜를 모으고 힘을 합쳐야 한다.

이를 위해 사업추진체계 재정립과 더불어 실사구시적인 운영방안이 종합적으로 마련되어야 한다. 앞으로 친환경인프라 구축을 통한 고품질 전략만이 개방 파고를 넘을 수 있는 유일한 길이다.

(2006. 1)

'잠재된 농업인의 힘' 쌀 개방 극복

새해 새 아침이 밝았다. 눈 덮인 들녘이 모든 안 좋은 풍경들을 말끔히 덮듯이 새해에는 지난 모든 잘못된 것들을 잊고, 모든 사람들이 좀 더 나은 한 해이기를 기원해 본다.

많은 과제를 남겼던 2005년의 농업문제 중 특히 쌀 문제는 올해에도 그 해결을 위해 적지 않은 진통들이 있을 것으로 예상된다.

쌀은 매년 세계적으로 4억 톤의 쌀이 생산, 소비되고 있는데 이 중약 60%는 중국과 인도에서, 15%는 인도네시아와 방글라데시에서 생산, 소비되고 있다. 전체적으로 볼 때 총생산량의 75%가 생산지에서 바로 소비되어 국제적으로 교역되는 물량은 2500만 톤(총생산량의 약 6% 정도) 수준이다.

중국 자포니카 쌀의 무서운 국내 공략

그리고 한국 쌀이 속해 있는 자포니카 쌀의 국제적인 교역량은 세계 자포니카 쌀 생산량의 5~6% 정도다. 이 중에 중국의 자포니카 쌀 수출량이 국제시장에서 60% 이상의 수출비중을 차지하고 있다. 따라서 향후 자포니카 쌀 국제시장은 중국의 상황에 따라 좌우될 가능성이 크다.

예컨대 중국 내 자포니카 쌀의 주산지 중 한곳인 지린성의 경우 전체 쌀 생산의 40%가 이미 품질이 좋은 우량미이고 매년 10%씩 늘어나고 있으며 질적인 측면에서 무서운 속도로 빠르게 발전하면서 한국의 밥상을 노리고 있다.

이처럼 중국 쌀의 국내 공세와 더불어 국내시장에서의 수입쌀 유통은 우리 농업의 미래와 농민 생존에 치명적인 영향을 줄 것으로 우려된다. 또 현 단계 농업의 구조적 취약성을 극복하고 개방화, 국제화라는 거역할 수 없는 시대조류에 맞서기 위한 경제전쟁의 소용돌이 속에서 농민과 정부 사이의 갈등과 대립이 변화의 중심에 있다

그러나 국제화, 다원화 사회이기 때문에 일어날 수 있는 주장들과 갈등들도 우리 모두가 다함께 살고 있고 우리 후손들이 계속해서 살아가야 할 공동사회인 대한민국이 존립해 나아갈 수 있기 위해서는 최대한의 공통분모를 통해 한곳으로 의사를 모아야 하며, 그럴지 못할 때는 공동의 파멸이 있을 뿐이다.

나폴레옹이 병든 병사들을 이끌고 알프스산을 넘어 이탈리아군을 공격할 때의 일이다.

프랑스에서 이탈리아를 가려면 알프스산맥을 넘어야 한다. 알프스산맥을 보지 못했다는 말은 이탈리아라는 목표가 중요할 뿐이며, 그 사이에 있는 장애물은 그 무엇도 생각할 필요가 없다는 뜻이다.

나폴레옹은 목표를 향해 가는 여정에는 늘 장애물에 부딪치게 마련이고, 그런 장애물 따위는 목표를 향한 투지와 집념으로 극복할 수 있다고 믿었다.

나폴레옹이 알프스 넘듯이, 농업인 용기 내어 부딪치길

알프스산을 넘은 나폴레옹 - 나의 사전에 불가능이란 없다.

보통사람들은 대부분 장애물에 가로 막히면 그 너머에 있는 목표를 놓치거나 장애물이 주는 중압감에 눌려 좌절해 버리는 경우가 많다. 내 앞에 어떠한 고난과 장애가 닥칠지라도 기필코 이겨내고야 말겠다는 생각이 목표를 향해 나가는 데 얼마나 중요한가를 말해 준다.

작금의 상황에서 나폴레옹의 리더십을 현대사회에 도입한다는 것은 무지몽매의 소치일지도 모른다. 하지만 아랫사람을 통솔해 본 경험이 있는 사람은 사람의 능력을 끌어내기 위해서는 장애물을 잠재울 수 있는 특별한 리더십이 필요하다는 사실을 잘 알고 있을 것이다.

사람은 무한한 잠재능력을 지니고 있다고 한다. 이러한 잠재능력은 저절로 확대되고 개발되는 것이 아니다. 좀 더 나아지려고 하는 의지와 결심이 설 때 비로소 발휘되는 것이다.

나폴레옹이 "나의 사전에 불가능이란 없다"고 호언하면서 험준한 알프스를 넘을 수 있었던 것은 인간 능력의 무한한 가능성을 알고 있었기 때문이다. 용기를 발휘한다는 것은 스스로 지닌 능력을 겉으로 드러내는 것이다.

우리는 지금 각각의 주장들이 서로 대립각을 이루는 가운데 과거 그 어느 때보다 혼란스러운, 그러면서도 가장 민주주의가 만개한 백가쟁명(白家爭鳴)의 시대를 살아가고 있다. 이 다양한 분열의식을 한 곳으로 모아야 한다.

이제는 경제전쟁의 시대다. 우리 농산물이 경쟁력에서 밀리지 않기 위해서는 험준한 알프스산을 넘을 수 있는 용기가 필요하다. 아울러 이탈리아군이 강한 병사를 육성하고 있는 동안, 나폴레옹군대는 병들고 약한 군대가 되어가는 사태가 일어나지 않도록 철저히 준비하는 것 또한 더더욱 중요하다.

새해에는 농촌의 활력을 되찾고 농업인의 잠재능력을 되찾아 농업에 비전을 제시해 줄 수 있는 희망의 리더십을 기대해 보자. 스스로 무언가를 할 수 있을 것 같은 자신이 생겼을 때 농촌의 잠재능력은 무한정 확대되고 실의에 빠졌던 농업인들은 용기를 되찾을 수 있을 것이다.

(2006. 1)

세계 2위 쌀 수출국으로 부상

외세에 의한 수난, 쌀을 주식으로 하는 점, 중국과의 관계 등 베트남과 한국은 여러 모로 닮은꼴이다.

최근 베트남에서 인기 있는 한국 드라마를 통해서 한국 생활문화 환경이 베트남보다 훨씬 우수하다고 받아들여지고 있다. 사실 필자가 본 베트남의 농촌엔 아직도 젊은 여성이 많고, 기계화가 덜 되어 있었다. 특히 베트남 농촌은 여자가 남자보다 힘든 일을 더 많이 한다. 이것이 베트남 여성이 상대적으로 한국 농촌남성을 선호하는 이유 중의 하나이다.

베트남은 사회주의 국가들이 1950~60년대에 추진해 왔던 집단농장화 정책을 북베트남 지역을 중심으로 1960년대 실시하였다. 그리고 1975년 베트남 통일 이후 남부지역에 대해서도 집단농장화 작업을 추진하였다. 그러나 1970년대 후반 집단농장의 문제점을 해결하기 위해 농업개혁을 추진하는 동시에 지원정책을 강구하고 있다.

국토 면적은 약 3300만ha로 우리나라의 3.3배에 해당한다. 전 국토의 4분의 3이 산악, 구릉, 고원지대이며, 북고남저형이다. 농경지 면적은 전 국토의 23%를 차지하는 740만ha이다. 베트남의 농경지 면적은 황무지 개간과 간척사업 등 정부의 경지면적 확대 노력으로 1980년 660만ha수준에서 1999년 740만ha로 매년 꾸준히 증가하고 있다.

베트남 전체 국내 총생산액(GDP) 중 농업이 차지하는 비중은 20%
수준으로 고도성장으로 매년 조금씩 감소하고 있는 추세이다.

농지의 상당부분이 생산력이 낮은 산악, 구릉 및 고원지역에 분포
하나 북부 지역의 홍화강 및 남부지역의 메콩강 삼각지의 경우 농업
에 적합한 비옥한 평야지대를 형성하고 있다. 전체 농지 중 관개수리
면적은 41% 수준으로 동남아 인접국에 비해 하부구조 개선에 비교적
높은 투자수준을 유지하고 있다. 총농지의 80% 이상이 주곡인 쌀 생
산을 위한 벼농사 경작지로 태국에 이어 최근 세계 제2위의 쌀 수출
국으로 부상하였다.

총인구는 약 7800만 명이며, 그중 농가인구는 6200만 명 수준으로 전
체 인구의 80% 가량이 농촌에 거주하고 있다. 베트남은 전체 고용인구
의 69%가 농업부분에 종사하고 있는 전형적인 농업국가라 할 수 있다.

베트남 농업의 최대 경쟁력은 낮은 상품가격에 있고 이것은 다시 저임금에
기초하고 있다.

1980년 이후 전체 인구에서 농가 및 농업부문이 차지하는 인구비
중은 거의 일정수준에서 변화하고 있지 않다. 따라서 베트남 국민 경
제의 성장과 고용안정을 위해 농업과 농촌경제의 활력 유지가 중요시
되고 있다.

베트남 전체 국내 총생산액(GDP) 중 농업이 차지하는 비중은 20%
수준이다. 농업 GDP는 꾸준히 증가하고 있으나 제조업 및 서비스 등
여타 부문의 상대적 고도성장으로 인해 전체 GDP에서 차지하는 농업
GDP의 비중은 매년 조금씩 감소하고 있는 추세이다.

베트남의 전체 농림수산업 생산액에서 차지하는 비중은 농업이
85%, 임업이 4%, 수산업이 11% 가량이다. 특히 농업부문에서 쌀, 옥

수수, 감자, 카사바, 커피, 고무, 차, 땅콩 등 작물 생산이 차지하는 비중은 81% 가량이며 돼지고기 등 축산물이 차지하는 비중은 17% 가량이다.

농작물 중에서 쌀, 커피, 차, 땅콩이 4대 주요 생산작물이며, 특히 쌀은 전체 농업생산액의 50%를 차지하는 기간 생산작물이다. 그 밖에 망고, 바나나, 파인애플, 오렌지 등 아열대성 과실이 많이 재배되고 있다.

베트남 국민의 연간 1인당 식품 소비량은 모든 분야에 걸쳐 크게 증가하였다. 그러나 식품섭취 유형에서 쌀, 옥수수 등 곡물이 차지하는 비중이 약 57% 가량으로 아직도 곡물류 소비가 대부분을 차지하고 있다. 지난 20년 동안 주요 품목군별로 식품소비 패턴에 변화가 있었는데, 특히 육류, 우유, 채소류, 유지작물의 소비량이 크게 증가하였다.

하지만 아직도, 육류, 우유 등 축산물과 낙농품 그리고 채소류 1인당 연간 소비량은 국제기준으로 볼 때 매우 낮은 수준으로 향후 베트남의 경제성장과 국민소득 증가에 따라 이들 품목에 대한 수요는 더욱 증가할 것으로 전망된다. 한편 주요 농작물의 국내 자급률 측면을 보면 우유 등 낙농품과 과실류를 제외하고는 100% 이상의 자급률을 보이고 있으며, 특히 쌀 등 곡물류의 자급률은 125%로 충분한 수출여력을 가지고 있다.

베트남 농업의 최대 경쟁력은 낮은 상품가격에 있고 이것은 다시 저임금에 기초하고 있다. 2003년 기준 77만5000VND(50달러)에 불과하고, 농림업 종사자의 월 평균임금이 이보다 낮은 66만3000VND(43달러) 정도이다.

농기계는 보이지 않고, 대신 소달구지 모습이 보이는 베트남 농촌

베트남 농업의 대외경쟁력은 이런 저임금에 있는데, 주된 수출품목은 쌀, 커피, 고무, 케슈, 후추 등이다. 베트남의 수출농산물 가격과 국제가격 차이를 쌀을 중심으로 비교할 경우, 2003년도에 태국산 장림기준 POP가격이 202달러이기 때문에 베트남의 쌀 가격이 톤당 14달러 정도 저렴한 것으로 나타난다. 이와 같이 베트남의 수출품들은 거의 전적으로 가격경쟁력에 기초하고 있다.

농산물 수출이 전체 수출에서 차지하는 비중은 매년 조금씩 줄고 있으나 아직도 베트남 전체 수출의 15% 이상을 차지하고 있다. 주요 수출 농산물은 쌀, 땅콩 등 너트류, 커피, 고무, 코코넛, 후추, 차, 열대과실 등이며, 주요 수입 농산물은 면화, 우유 등 낙농제품, 밀가루, 맥아, 가죽 및 피혁 등이다.

오늘도 베트남의 농촌거리는 희망을 울리는 오토바이 경적소리가 요란하다.

(2006. 3)

4장: 푸른 촌(村) 만들기 전략

어린이 눈높이 맞춘 '농촌놀이터' 개발

초등학교 시절, 마을에서 학교까지 가려면 이십 리 길을 걷고 뛰어야만 했다. 굽이굽이 산등성이를 돌아 꾸불꾸불한 논둑길을 따라가다 보면, 어느새 학교지붕이 희미하게 보였던 기억이 난다. 집에서 학교까지 가는 길에 중간치기 하기에 적당한 감나무 골이 있었다. 돌이켜보면 그곳은 자연이 선물한 놀이터였다. 지금이야 2차선 아스팔트길이 정든 시골길을 대신하고 있지만, 70년대 등하교 길의 풍경은 그야말로 어머님 숨결처럼 따사롭기만 하다.

잠시 사무실 창밖에서 불어온 바람이 살짝 뺨을 스치더니, 이어 가을을 알리는 풀벌레 소리가 시골학교 운동회 속으로 푹 빠지게 만들었다. 아마 작년 가을 운동회가 맞을 것이다. 염색한 청백 띠를 이마에 두르고 줄지어 이동하며 차례를 기다리는 모든 행동에서 단 한 아이도 옆으로 삐져나가는 것을 보지 못했다. 분명 운동회 연습을 많이 한 모양이다. 전체가 지켜야 하는 어떤 규율에 따르려고

찾고 싶은 농촌

모두들 부지런했다. 이 같은 약속 지키기가 저절로 이루어졌을까? 그렇지는 않다. 그것은 철저히 연습한 결과였다. 그리하여 공동체를 이끌어 가는 하나의 틀을 만들어 낸 것이다.

운동연습이 어떤 일에 능숙해지기 위한 단순한 되풀이라면, 학교교육은 운동연습으로 얻은 능숙한 움직임을 창조해 낸 것이다. 그리하여 처음부터 정해진 순서가 있는 것처럼 행동하는 것이다.

반면 도시아이들은 다르다. 올 봄 딸아이 운동회를 보면서, 시골 초등학생들의 운동회와는 사뭇 다른 느낌을 받았다. 운동회 연습은 시골아이들 못지않게 했을 것이다. 하지만 줄에서 옆으로 벗어난 아이들이 왜 이렇게 많은지? 사실 도시 아이들은 컴퓨터와 지내는 시간이 많고 방과 후에도 각종 학원 수강으로 공부에만 매달리다 보니 서로 어울려 마음껏 뛰어놀 만한 시간이 많지는 않다.

이처럼 한창 나이에 제대로 놀지 못하고 공부에만 쫓기다 보니 아이들이 정서적으로 메말라 가고 심지어 학교폭력 등 여러 가지 청소년 문제도 확대되고 있다.

도시아이들 정서문제 해결……일본 초등교 70% 농사체험 학습

이 같은 도시 아이들의 놀이문화와 정서적인 문제를 해결하기 위한 방안이 농촌체험 학습이다. 비록 도시에 살지만 아이들에게 조금이라도 자연과 가까이 만나게 해 주고 싶은 부모들이 늘어가고 있다. 아이들은 처음엔 진흙탕에 들어가려 하지 않지만, 나중엔 아예 나오려고 하지 않는다. 말랑말랑한 진흙의 촉감을 좋아할 수밖에 없다.

[일본의 경우 이러한 농촌체험 학습의 교육적 가치를 높이 평가해 초등학교의 70% 가량이 농사체험 학습을 실시하고 있다. 특히 3년

중고생의 농촌문화답사기

전부터는 농촌체험 학습을 보다 적극적으로 추진하기 위해 '종합학습시간'이라는 과목을 신설, 정규교육의 하나로 편성했다. 하지만 우리나라는 학교교육차원에서 그리 활성화되지 못하고 있다.

이러한 '1교1촌 운동'이 초·중·고교로 확대되어야 한다. 특히 '도시 청소년과 어린이' 대상에 맞는 농촌문화체험 농촌자원봉사 등 프로그램도 적극 개발되어야 한다.

그러기 위해서는 자연이 선물한 농촌놀이터가 복원되어야 한다. 옥수수 따고, 개구리도 잡고, 콩도 구워먹고, 냇가에서 물장구 치고, 처음 보는 아이들도 금세 친해지는 아름다운 곳, 편안하고 왠지 기분이 좋아지는 곳, 연인이랑 친구랑 함께 있으면 사랑과 우정이 새록새록 솟아나는 곳, 부모 같은 사람들과 즐겁게 담소를 나눌 수 있는 곳, 할아버지랑 할머니께 손자나 손녀가 되어 드리는 곳, 낯선 사람끼리도 대화의 끈을 연결해 주는 곳, 농촌이 그리운 이유가 무엇인지 모르는 사람이라도 가보면 그 이유를 알게 되는 곳,

누구나 그런 농촌을 좋아하게 되는 그날까지.

(2005. 8)

농촌직불제 · 시범사업 도시 '자연의 노크'

내가 살던 시골동네는 중학교 2학년이 되어서야 전기불이 호롱불을 밀어냈다. 갑작스런 눈부신 전구의 등장에 놀란 개구리들이 정신없이 울어댔다. 가뜩이나 하기 싫은 공부를 하고 있노라면 개구리 울음소리가 귀찮아서 작은 돌멩이를 주워 모아 텃밭으로 이어져 있는 못자리 논에 던지곤 했다.

여름방학 때 모처럼 필승영어를 잡고 있노라면 매미들이 이산가족 상봉하듯 오열하는 통에 영어책을 한 장 넘길 때마다 밖에 나가 감나무를 발로 차곤 했던 기억이 생생하다.

본격적인 주 5일 근무제가 가동됨에 따라 300여만 명의 직장인들에게 적지 않은 변화가 예상된다. 단순히 집에서 TV 시청이나 밀린 잠을 자는 휴식형 잠테크보다는 한 차원 높은 삶의 질을 추구하는 레저형 여가를 찾아 나설 준비를 하고 있다.

아마 가족중심의 참여와 체험형 여가를 목적으로 한 농어촌 주말농장과 자연휴양림 등에 많은 관심을 가질 것이다. 하지만 그중에는 한적한 전원농촌을 찾는 사람들이 있는 반면, 시간이라는 감옥에 갇혀 도시 속 근교를 찾는 사람들로 양분될 것이다. 시간이 없는 사람들을 위해 각별한 배려가 필요하다. 그들을 위해 도심 속에 농업을 옮겨야 할 당위성이 있다.

빌딩숲 보리밭축제

때마침 도시아파트에도 숲이 들어오고 있다. 참 다행스런 일이다. 도시의 숲과 어우러진 다양한 유실수와 꽃나무들이 자리를 잡으면서 새들이 날아오고 매미가 울기 시작했다. 도시민들도 마음의 문을 열고 농촌에 귀 기울이게 되면서 자연의 노크를 허락한 것이다.

한국농촌경제연구원의 연구결과에 의하면 환경 및 생태계 보전, 농촌 경관 유지, 식량안보 등 농업의 다원적 가치가 연간 28조 3천억으로 농업 총생산액의 1.4배에 달하는 것으로 조사된 바 있다. 이처럼 농업 속에는 상상치 못할 황금 알이 숨겨져 있다. 머지않아 도심 속에도 농업친화적인 분위기가 형성될 것이다. 이에 발맞춰 도시에 가장 적합한 방식의 도시농업 클러스터를 구축할 필요가 있다.

우리나라의 경우, 아직은 농어촌 휴양사업의 일환으로 시작된 관광농원 또는 도시 주변의 주말농장을 도시농업으로 인식하고 있는 정도이다. 그동안 일부 대도시에서 옥상녹화, 소규모 농원조성 등 제한적 개념으로 사용되었고, 근교도시에서는 도시농업동호회, 아파트공동체,

종교단체 등이 중심이 되어 텃밭, 주말농장, 도시 유기농업 등을 추진하고 있다.

하지만 근교도시의 농업방식조차도 소득증대 추구가 목적이었다. 그 결과 비닐하우스에서 고투입농법을 통한 집약농업이었던 까닭에 상대적으로 농지오염을 가속화시켰다.

따라서 이러한 상황을 반전시킬 수 있는 혁신전략이 필요하다. 이때 등장시킬 수 있는 방안이 바로 도시농업 클러스터이다.

도시농업 클러스터

쿠바 초등교 유기농야채 급식……도시농업 성공사례

쿠바의 경우, 국가적인 차원에서 도시농업을 성공적으로 수행하고 있는 대표적인 나라이다. 예컨대 1,000여 곳이 넘는 초등학교에 도시농업에서 생산된 유기재배 야채가 급식되고 있고, 160,000개의 일자리가 창출되었다. 1990년에 43%이던 식량자급률이 2001년에는 95%로 상승하고, 식생활 패턴이 유기야채 중심으로 바뀜에 따라 병원출입 환자 수가 연간 30% 감소하였다고 한다.

이제 도시는 더 이상 냄새나는 상하수도, 부족한 녹지대, 과밀한 주택 같은 일그러진 생태계가 결코 아니다. 도시농업은 경제성 이상으로 이러한 생태계를 정상화시킬 수 있는 외부효과가 큰 사업이다. 따라서 클러스터 모형을 통해 도심 속에 농업이 자리 잡아야 한다.

그러기 위해서는 주민-협동조합-지방정부가 협력하는 '도시농업네트워크'와 같은 자치조직이 중심이 되어야 한다.

결론적으로 제언하자면, 첫째, 도시농업이 가능한 적정 유휴지 분류 등 기초조사를 실시할 필요가 있다. 둘째, 농협-생협 등 협동조합네트워크를 통해 지역별. 테마별 도시농업 시범사업을 운영해 볼 필요가 있다. 셋째, 쿠바식 도시농업 모형을 우리나라 상황에 맞게 재구성하여 운영해 봄으로써 성과가 좋을 경우, 농촌형 직불제 도입도 검토될 수 있다. 마지막으로 도시농업이 하나의 사회시스템으로 일반화되기 위해서는 보다 체계적인 연구검토가 선행된 다음 도시농업의 사회경제적 효과에 대한 공감대 형성이 필요하다.

  머지않아 아파트 창틀을 쪼아대는 아름다운 새소리 덕분에 아침운동을 시작할 수 있는 그 날이 빨리 올 수 있기를 기대해 보자.

(2005. 8)

농산품시장도 '귀족 마케팅시대'

며칠 있으면 우리 민족의 최대명절인 한가위다. 예로부터 "한가위만 같아라."는 말이 있듯이 추석이란 단어를 떠올리게 되면 사람들은 설레임, 기다림, 그리움 같은 아름다운 감정들이 피어나기 시작한다. 어린시절 추석이 가까워지면, 쟁반 같은 둥근 달을 바라보며 서울로 돈 벌러 가신 삼촌이 올 추석에는 어떤 선물을 사 오실까? 하는 기대감에 밤잠을 설친 기억이 있다.

당시의 선물들은 종합선물 세트나 새 고무신, 의복 등이었다. 또래끼리 이 골목 저 골목 몰려다니면서, 선물 자랑하느라 온 동네가 떠들썩했다.

추석선물은 100% 전통식품으로

올 추석에도 우리 전통식품으로 선물하자는 문구가 여기저기 눈에 들어온다. 전통식품 베스트5에 들어간 업체들의 제품 추천도 있고, 100% 순수 농산물로 만들어진 제품들을 선물하자는 캠페인도 전개되고 있다.

이처럼 전통 농산품과 추석과의 만남은 그나마 농산품의 부가가치를 창출해 낼 수 있는 좋은 기회다.

따라서 민족명절과 전통 농산품을 잘 연결시켜야 더 높은 부가가치를 창출할 수 있고, 농촌도 좀 더 넉넉해질 수 있다. 그러기 위해서는 농산

추석선물은 우리농산물로

품 시장에도 귀족마케팅이 필요하다.

예컨대 오늘날 시장 내 마케팅게임은 항상 까다롭고 복잡하다. 돈을 버는 사람과 돈을 벌지 못하는 사람이 생기기 때문이다. 이 과정에서 80 : 20 법칙이 중요하다. 그리고 소득을 올리는 지름길이다. 그런 의미에서 이탈리아 경제학자 파레토를 만나 보자.

소비자 20% 전체 매출액 80% 차지

인간사의 다양한 통계자료를 분석한 결과 80 : 20 원칙이 여러 분야에 걸쳐서 나타나고 있었다. 20퍼센트의 인구가 80퍼센트의 돈을 가지고 있었고, 20퍼센트의 근로자가 80퍼센트의 일을 하였으며, 20퍼센트의 소비자가 전체 매출액의 80퍼센트를 차지하고 있다.

이는 어느 시대, 어느 국가를 막론하고 나타나는 현상이다. 숫자상으로 완벽하게 80퍼센트와 20퍼센트로 맞아 떨어지는 것은 아니지만, 대부분의 경우가 거의 그에 가까운 값을 가진 것으로 나타났다. 80 : 20 원칙은 파레토의 법칙, 최소노력의 원칙 등 다양한 이름으로 불리면서 우리 곁에 존재해 왔다.

여기서 중요한 것은 바로 핵심적인 소수가 다수보다도 큰일을 해내고 있다는 점이다. 따라서 농산물도 80 : 20식 분석과 80 : 20식 사고가 필요하다.

80 : 20식 분석은 비교 가능한 두 자료를 근거로 그들 간의 관계를 파악하는 방법이다. 예를 들어 100명이 추석 때마다 정기적으로 농산물로 선물한다고 하자. 이 중에는 그야말로 전통식품 베스트5를 모두 구입하는 사람도 있을 것이고, 고작 전통주 한두 병 정도만 사가는 사람도 있을 것이다.

그들에게 이번 추석에 전통 농산물을 얼마나 선물했는지 각자 써내도록 한 다음, 가장 많이 선물한 사람부터 위에서 차례로 이름을 써 내려 간다. 그러고 나서 위의 20명이 구입한 농산물의 양을 더해 본다. 이런 식으로 가장 전통 농산물을 많이 구입한 소비한 상위 20퍼센트를 찾아내는 것이다.

이때 중요한 것은 핵심적인 소수를 찾아내는 것이지 80 : 20이라는 숫자에 얽매일 필요는 없다는 점이다.

전통식품 가치 창출하는 핵심적 소수 파악

숫자로 측정할 수 없는 경우도 대단히 많은데, 이때 80 : 20식 사고가 필요하다. 예컨대 80퍼센트의 결과를 만들어 내는 20퍼센트가 과연 누구인가, 주의 깊게 생각하라는 뜻이다. 시간을 두고 창의적으로 생각하여 전통식품의 가치를 창출해 내는 핵심적인 소수가 누구인지 또는 어느 것인지 파악해야 한다. 80 : 20식 분석과 80 : 20식 사고란, 이렇게 해서 찾아낸 20퍼센트에 집중해야 한다는 것이다.

시장에서는 농업도 기업이다. 즉 농기업이면서 벤처기업이다.

농기업에 있어서 80 : 20 원칙을 적용하기 위해서는 우선 농기업의 농산품을 살펴보고, 그들의 수익성을 조사한 후, 수익성이 높은 것에서부터 차례대로 나열을 해보아야 한다. 이렇게 하면 어떤 농산품들이 수익성이 높고 어떤 농산품들이 수익성이 마이너스인지 파악할 수가 있다. 또한 고객의 경우에도 80 : 20식 분석을 통해 어떤 고객들이 어떤 농산품을 많이 구입하는지 파악해야 한다.

특히 전통 농산품의 경우, 판매 시 가장 중요한 20퍼센트의 고객이 누구인지 알아내고 이들에게 집중해야 한다. 이들을 붙들어 두기 위해서는 네 단계를 거쳐야 한다. 첫째, 20퍼센트의 고객을 찾아내라. 둘째, 20퍼센트의 고객에게 지나칠 정도로 훌륭한 서비스를 제공하라. 셋째, 새로운 제품을 만들거나 기존 제품을 개선시켰을 때 목표고객은 바로 그 20퍼센트의 고객이 되어야 한다. 넷째, 어떻게 해서라도 그 20퍼센트의 고객은 붙들어 두어야 한다.

신토불이 상품 철저한 품질검사 · 보증

그러기 위해서는 당장 조건이 필요하다. 이를테면 제품들이 진짜 100% 우리 농산물로 만들어진 전통식품인지, 소비자들이 안심하고 믿고 구입할 수 있는지에 대한 철저한 품질검사 및 보증이 뒷받침되어야 한다.

아울러 소비자의 구매 패턴을 파악하고 분석하며 소비자의 욕구가 어떠한지 판단할 필요가 있다. 점차 핵가족화되어 가고 있는 상황에서 추석선물용 대형포장은 소비자의 구매를 저해하는 요소가 되는 것은 자명하다.

따라서 농산품의 경쟁력 확보를 위해서는 전략적인 농산물용 상품개발 및 혁신적인 패키지가 개발되어야 한다.

올 추석에도 100% 우리 농산물로 만든 전통식품들이 소비자들에게 인기가 있는 넉넉한 한가위가 되었으면 한다.

(2005. 9)

생명농업 '문화볼륨'을 높여라

역사의 동반자는 문화였다. 인류가 출현한 이래 수많은 문화가 역사와 함께했지만 지속성을 지닌 문화는 그리 흔치 않다. 대부분의 문화는 왜 지속되지 못하고 자생력을 잃고 마는 것일까? 답은 간단하다. 생명문화가 아니라서 그렇다.

도대체 한두 번도 아니고, 해마다 명절이면 길이 막히고 고생길이 불을 보듯 뻔한데도 왜 악착같이 고향을 찾는 것일까. 고향은 어떤 마력(魔力)이 있는 것일까. 어쩌면 고향 그 자체가 우리를 강렬하게 끌어당기는 마력인지 모른다. 고향에는 농업이 있고, 농업이 있는 농촌에는 부모형제가 도시의 공해와 스트레스에 찌든 우리를 평안하게 감싸주기 때문 일게다.

고향은 농업·농촌과 연결되어 고향상실의 시대를 사는 현대 도시인들의 마음을 사로잡고 있다고 볼 수 있다. 그리고 이러한 움직임은 앞으로 소득이 향상되고 경제가 발달해 도시화가 심화될수록 더욱 강하게 나타날 것이 틀림없다.

도시인, 이성+정감 조화 생활방식 원해

인간은 이성적인 존재이면서 동시에 정감(情感)의 지배를 받는 존재이기도 한다. 삭막한 환경에서 생활하는 도시인들이 신선한 공기와

물, 산야의 신록이 있는 고향농촌을 찾아 나서는 것 자체가 인간이 정감을 갖고 있다는 증거이다. 이성과 정감이 조화를 이루어야 인간은 인간답게 살 수 있는바 도시인들은 그러한 생활방식을 강렬하게 찾고 있다고 볼 수 있다.

정감 있는 생활은 공업으로부터는 절대 얻을 수 없다. 공업은 인간의 육체, 두뇌마저도 기계로 바꿔 버리기 때문이다. 공업이 발달하면 할수록 인간의 생활은 메말라 갈 것이다. 아무리 공업이 발달하고 생명과학이 발달해도 인간은 아직 나뭇잎 하나 만들지 못한다. 그렇기 때문에 인간은 자연 앞에 겸허해지고 자연에 대해 솔직한 정감을 갖는다.

휴양림

산업의 시각에서 보면 1차 산업인 농업은 무역장벽이 무너지면서 위기에 직면해 있는 것은 사실이다. 하지만 농업 그 자체를 생명산업, 개성적인 문화 창조라고 평가하는 견해도 많다. 예컨대 자연 의학적 관점에서 농촌은 자연과 먹거리들을 얼마든지 자연 의학적으로 상업화,

산업화할 수 있기 때문에 도시민의 비상구요, 요람처요, 의료원이다.

산업이 아닌 문화기초로 재평가

따라서 농업을 하나의 산업으로서가 아니라 문화의 기초로서 재평가하고 있는 것이다. 그렇기 때문에 선진국에서는 오늘날의 농업을 생명농업, 문화농업이라고 부르기도 한다. 이처럼 생명농업은 바로 문화의 기초이다. 건강, 웰빙, 무병장수, 친환경 등의 근간은 바로 농촌의 자연이다.

이 같은 관점에서 우리의 농촌은 단연 세계최고의 수준이다. 그러나 맑은 물, 맑은 공기, 아름다운 경치, 천혜의 먹거리를 산업화할 수 없다면 여전히 도심으로 향하는 탈농촌 행렬은 계속될 것이다.

이제 농촌도 문화로 승부하는 시대다. 예컨대 도시사람들의 뇌리에 강하게 살아 숨 쉬게 할 수 있는 생명문화(대체의학 등)의 볼륨을 높여야 된다.

농업은 문화다

그러기 위해서는 다음과 같은 문화요소를 갖춰야 한다. 첫째 문화는 지방색이 있어야 한다는 점이다. 문화는 본래 경작(耕作)을 의미하는 말이다. 경작이란 땅을 갈고 작물을 재배하는 것이다. 경작하는 방법은 토양에 따라 다르고 작물이 다르면 식품과 식생활도 다르다. 고장마다의 식생활, 주거생활 등 생활방식이 곧 문화이다. 축제, 종교, 건축, 예능, 언어, 풍속, 습관, 역사, 전통처럼 각 지역마다 뿌리를 내리고 있는 생활방식이 문화인 것이다. 그렇기 때문에 문화는 본래 식물과 같이 수출입이 불가능했다.

무리해서 수출하면 반드시 충돌이 일어났다. 식물을 다른 지방의 토양에 이식하면 꽃 모양, 발육형태 등이 달라지는 것처럼 문화도 본래의 의미나 색채가 달라지고 말았다.

두 번째는 문화는 직접 논밭을 갈고 농 작업을 하듯 자기 스스로의 손발과 머리를 써서 직접 창조하는 것이란 점이다. 훌륭한 예술작품에 접하고 음악의 명연주를 감상하는 것도 물론 중요하시만 스스로 음악을 연주하고 그림을 그리고 연극을 해보고 도자기를 구워보고 요리를 직접 만들어 보는 등 자신의 손발과 머리를 사용하여 무엇인가 창조해 보는 것이 보다 중요하다.

농작물 수확의 즐거움 누려야

세 번째로 문화에는 수확의 즐거움이 있어야 한다. 수확의 즐거움이 있기 때문에 인간은 땅을 일구고 농작물을 재배한다. 창조의 결과에 대한 즐거움이 최고의 즐거움이다.

농업이 있어야 문화가 발생하고 과학기술이 발달한다. 산업사회는 농업의 기초 위에서만 가능한 것이다. 때문에 산업사회가 극도로 발달한 오늘날 또다시 문화의 기초로서의 농업의 중요성이 재평가되고 있다. 농업을 경시하고 농업이 없는 나라의 국민은 마음이 고독해지고 상처받기 쉬울 뿐만 아니라 지방토양에 뿌리를 내린 문화 자체가 쇠퇴해지고 말 것이다. 또 농업이 없는 나라에서는 오감(視, 聽, 嗅, 味, 觸)에 의한 자연과의 공유적인 체험을 할 수 없어 그 결과 과학기술 자체가 발전할 수 없게 될 것이다.

프랑스 농업발달 기초 위에 과학기술 이룩

프랑스는 전형적인 농업 국가이면서 과학기술이 발달한 나라로 꼽힌다. 농업발달의 토대 위에 오늘날의 과학기술을 이룩할 수 있었던 것이다. 그들은 농업이 있기 때문에 가족적이며 여유 있는 인간관계와 안정된 사회질서를 유지할 수 있었다. 또 식량의 자급자족, 훌륭한 식생생활 문화, 뛰어난 예술, 지방색 있는 문화유산에 대한 우월감등 일상생활 속에서의 지적, 문화적 자극이 프랑스의 독창적인 과학기술로 발전했다고 할 수 있다.

서양속담에 인생은 왕복차표를 발행하지 않는다는 말이 없다. 이는 오늘의 우리농업을 두고 하는 말과 같다. 한 번 붕괴되면 다시 돌아오기 힘든 법이다. 이제부터는 지방적인 것, 스스로의 손발과 머리를 써서 창조한 것, 그 결과를 즐길 수 있는 것 등의 농업문화를 만들어 내야 한다.

(2005. 9)

[푸른 촌(村)만들기 전략 5]

저알코올 음주 '막걸리 전성시대'

초등학교 시절, 학교에서 돌아오면 가장 먼저 해야 될 숙제가 있었다. 그 숙제는 선생님이 내주신 숙제가 아니라, 다름 아닌 아버지의 막걸리 심부름이었다. 당시 마을에서 떨어진 외딴집에 살았지만, 왠지 막걸리 심부름은 싫지가 않았다. 단숨에 새마을점방으로 달려가 주전자에 막걸리를 가득 담아 달라고 가게주인에게 떼를 쓰곤 했다. 개인적으로 막걸리 향기를 무척 좋아했고, 노중에 한 모금씩 마시는 재미가 참으로 솔솔 했기 때문이다.

옛날 시골에는 가게가 없었다. 그래서 동네사람들이 집집마다 돌아가며 새마을점방을 운영했다. 매달 결산을 해서 이익금을 나누었으며, 진열대 없이 집안의 윗방에 상품을 보관하며 물건을 팔았다. 하지만 그때의 새마을점방은 한마디로 마을의 보물창고였다.

막걸리심부름 중 한 모금 마시는 재미 '솔솔'

한여름 무더위가 기승을 부리던 날엔 도중에 막걸리 상당량을 마셔버리곤 했다. 아버지의 꾸지람이 무서워 마셔버린 양을 개울물로 채워 넣는 경우도 있었다. 아버지는 막걸리를 냉수 마시듯 단숨에 들이키시면서, 얘야, 오늘 막걸리는 왜 이렇게 싱거운 게냐는 말로 꾸지람을 대신하셨다. 그 순간 알코올로 달구어진 나의 붉은 얼굴이 더욱

빨개지곤 했다.

쌀 막걸리

입맛 좋고 먹을 것도 많은 가을철이다. 들녘에서 나온 햅쌀은 기름기가 가득하고 과일은 통통하게 살이 올라 있다. 진정 가을향기 맛을 후회 없이 느낄 수 있는 풍요로운 수확의 계절이다. 도시에선 웰빙푸드 바람이 거세다. 건강과 영양분을 책임진다는 웰빙식품들이 다양하게 출시되고 있다. 그중 하나가 웰빙형 막걸리다. IMF 이후 서민의 술로 통하는 막걸리의 인기가 최고조다. 맥주와 소주 등에 밀려 판매량이 계속 뒷걸음치던 막걸리가 전에 없던 전성기를 누리고 있는 것이다.

이처럼 사람들에게 외면당하던 막걸리가 수면 위에 떠오르면서 최근 날개 돋친 듯 팔리는 이유는 무엇인가? 단기간의 유행을 쫓는 깜짝 이벤트일까. 이런 최근의 현상에 대해 주류업계에서는 환영과 우려의 눈길이 함께 쏠리고 있다. 우선 농업인들에게조차 외면당했던 막걸리가 호황을 누리고 있다는 데는 긍정적인 시선이 지배적이다. 하지만 우려의 시선도 무시할 수 없다.

웰빙막걸리

왜냐하면 단기간의 유행을 쫓는 깜짝 이벤트식의 현상으로 머물 수도 있다는 우려 때문이다. 따라서 쌀 막걸리가 한때의 바람이 아닌 확실한 주 메뉴로 정착되기 위해서는 우리의 시선을 발전에 대한 기대로 바꾸는 노력이 필요하다.

캔막걸리 증가세 폭발적······대학가도 열기 되살아나

이러한 노력이 가능할까. 가능하다. 왜냐하면 사회 전반적으로 일고 있는 웰빙열풍 너머에는 저알코올 음주문화가 확산되고 있고, 우리 농산물로 만든 전통막걸리가 잇따라 등장하고 있기 때문이다. 특히 젊은층이 주로 찾는 캔막걸리의 증가세는 더욱 폭발적이고, 한때 자취를 감추기까지 했던 대학가에도 막걸리 향기가 여기저기 되살아나고 있다.

한편 평생 쌀밥 한번 실컷 먹어 보았으면 했던 것이 불과 30년 전일인데 쌀이 지천으로 남아돈다. 생명처럼 소중히 여기던 그 귀한 쌀이 천덕꾸러기가 되어 버린 결과다. 다행히 요즘 쌀 산업 경쟁력 제고를 위한 다양한 전략과 대안들이 봇물처럼 쏟아지고 있다. 예컨대 아침밥 먹기 운동, 쌀 한 포대 더 사주기 운동, 쌀과자와 쌀술 등이 그것이다.

이탈리아의 경우, 포도주 관련축제인 '포도주 컨벤션' 강좌를 정기적으로 개최하면서 지역와인 등을 함께 선보이며 유럽과 전 세계의 관광객들을 끌어들이고 있다. 미국도 패스트푸드의 종주국이긴 하나 최근 들어 슬로우프 운동이 급속도로 전파되면서 자국의 전통주와 농산물애용운동을 확산시키고 있다.

변화의 시대에 걸맞지 않은 전통적 사고라고 힐책이 뒤따를지 모르지만 위기에 선 농산물, 특히 쌀 산업은 긴급 수혈이 필요한 때이다. 그런 의미에서 웰빙 너머에 쌀 막걸리 열풍은 링겔효과를 너머 확실한 건강식품으로 화려한 부활을 예고하고 있다.

(2005. 9)

지역에 맞는 '농촌축제'로 경쟁력 높이자

한여름 무더위에 숨죽였던 농어촌지역도 가을이 되면 축제분위기로 술렁거린다. 단풍축제, 젓갈축제, 전어축제. 김치대축제, 송이축제, 지평선축제, 벌축제.......

축제의 명칭도 각양각색이다. 모두가 농어촌과 도시가 크게 하나 되는 마당이어서 그리 어색하지 않은 명칭들이다.

이처럼 가을은 농어촌지역민을 들뜨게 한다. 더구나 풍성한 지역명품들은 제철을 만난 듯 도시민의 마음을 유혹하기까지 한다. 이렇다 보니 웬만한 지자체라면 철마다 몇 가지씩 축제를 열고 있다. 하지만 요즘 지역마다 난립되고 있는 축제라는 단어는 어색하고 민망하기 짝이 없다.

축제기간 의도와 안 맞는 전시행사 주민도 외면

지역민들은 진정 '축제'라는 신명나는 잔치를 통해 도시와 농어촌이 하나 되려는 목적을 이루고 있을까. 그렇지 않다. 축제기간에 시대정신과 거리가 먼 전시행사로 도시민은 물론 지역주민들도 외면하는 '동네잔치'에 그치는 경우가 다반사다. 간혹 선심행정과 치적 쌓기 등 선거를 겨냥한 축제행태를 목격할 때면 축제의 사망을 선고하는 듯하다.

가을축제로 가는 길

특히 축제의 내용과 참가 규모로 볼 때 소모적이고 형식적인 껍질 축제가 훨씬 많다. 농촌경제를 살려 보겠다고 지자체마다 발 벗고 나서고 있지만, 획일적인 마케팅과 양적 확장만을 중시하는 접근 방법으로 인해 진상품조차도 상품의 가치를 잃고 있다. 더 나아가 지자체 간의 치적 쌓기의 치열한 현실과 '축제'라는 이상 사이의 극심한 괴리감을 느끼게 한다.

이처럼 오늘날 지역축제에서는 살아 있는 축제를 찾아보기가 힘들다. 드높은 하늘과 시원한 가을바람만으로도 가슴 설레던 '농촌 들녘 축제'가 그리운 계절이다.

흔히 21세기를 문화의 세기라고 한다. 지역축제의 경쟁력은 곧 지역의 경쟁력이다. 그런 의미에서 단풍축제와 반딧불축제, 나비축제와 같은 대박축제도 등장하고 있다. 하지만 사람들에게 소박맞는 축제가 큰 문제다.

단풍축제

　따라서 농촌문화가 문화의 한축으로 자리 잡기 위해서는 지역축제의 경쟁력을 높여야 한다. 지역실정에 맞는 비교우위의 축제를 찾아 선택과 집중을 해야 한다. 나아가서 오랫동안 지속적으로 가슴으로 체험하고 껍질을 벗겨서 속 내부를 보여 주는 살아 있는 축제가 필요하다.

농촌에 도움 안 되는 축제 오히려 독

　축제가 오히려 농업인에게 고달픔만 더해 주고, 농촌에 꿈도 실어 주지 못하는 일기장 수준이라면 오히려 독이 될 것이다. 도시사람들도 가슴과 손발로 체험하면서 기쁜 마음으로 축제의 일기를 쓸 수 있도록 축제의 향수와 추억을 한 아름 선물해야 한다.

　축제가 살아 있는 농어촌은 먼 나라가 아니라 가고 싶은 고향, 유년의 추억이 묻어 있는 곳, 언제 어느 때나 자유자재로 다녀갈 수 있는 이웃집 축제가 되어야 한다.

그리하여 농촌지역 축제가 도시의 자본을 움직이는 거대한 시장을 형성할 수 있는 날을 꿈꾸어 보자.

(2005. 9)

프랑스 "농민 없는 국가는 없다"

유럽연합에서 가장 큰 농산물 수출국인 프랑스는 농업비중이 점차 감소하여 국내 총생산량에서 차지하는 농업비중이 2.7% 수준인데도 불구하고, 프랑스 국민과 정치인들의 농촌사랑은 점점 커지고 있다.

농촌은 마음의 고향

한 예로, 시라크 대통령은 작년 3월에 열린 파리 농업박람회장에 참석, 3시간여를 머물면서 프랑스산 샤롤레 황소와 함께 사진을 찍는 등 자국 농업에 대한 각별한 애정과 관심을 보였다.

땅에 뿌리 둔 프랑스문화……농민시장서 농산물 구입

세계적 시사주간지 ≪이코노미스트≫지는 프랑스에서 농촌사랑이 남다른 이유를 먼저 프랑스 사람들의 전통과 향수 때문이라고 분석하고 있다. 예컨대 풍경화나 요리로 대표되는 프랑스 문화가 바로 땅에 뿌리를 두고 있다는 것이다. 그래서 굳이 까르푸 같은 현대식 매장보다는 저녁마다 열리는 농민시장(파머스마켓)에서 싸고 신선한 그 지역 농산물을 산다고 한다.

다음으로, 국토의 80%가 농촌지역이고, 상대적으로 산업화가 늦어 농촌에 대한 '가족적 연대감'이 많이 남아 있다는 것이다. 그렇기에 프랑스 국민들은 여행하면서 펼쳐지는 전원풍경을 즐길 수 있고, 이러한 풍경을 가꾸는 이들이 바로 농민임을 알고 고마워하고 있다.

또한, 프랑스에서 농촌사랑이 남다른 이유로는 정치인들의 올바른 농업관을 들고 있다. 2차대전 당시 극심한 식량난을 겪었던 터라 식량안보에 대한 공감대가 형성돼 있으며, 국가 산업과 국토의 균형발전에 농업과 농촌이 한축을 이루고 있다는 점을 프랑스 정치인들은 잘 알고 있다.

농촌출신 시라크 대통령 '농업 지키기' 최선

이런 프랑스식 농촌 사랑의 정점에 "농민 없는 국가는 없다"라고 외치는 농촌 출신 정치인인 시라크 대통령이 있다. 이런 이유로 프랑스는 국내 농업을 지키는 정책을 펼치고 있으며, 프랑스 국민들은 '효율성'의 척도만으로 농업의 가치를 평가하는 것을 꺼리고 있다.

농촌의 풍경은 평온입니다

또한 친환경적으로 전원풍경을 가꾸는 농민들과 '국토경영계약'을 맺어 합당한 지원을 아끼지 않고 있다.

우리나라도 농업·농촌의 중요성에 대한 국민적 공감대 확산을 위해 재작년 11월부터 정부·기업체·농협·소비자단체 등이 함께 범국민적으로 농촌사랑운동을 전개하고 있다.

농촌사랑운동은 '1사(社) 1촌(村) 자매결연' 및 '도시민 제2고향 갖기 운동', '농산물 소비촉진 운동' 등 다양한 형태로 추진되고 있으며, 현재 기업체와 소비자단체 이외에도 지자체와 공기업·학교·병원·종교 및 사회단체 등 각계각층이 동참하고 있다.

사회지도층은 농업·농촌에 대해 보다 많은 관심을 기울이고 왜 우리 농업·농촌을 지켜야 하는지 국민들에게 소상히 알려 주는 역할을 담당해야 할 것이다. 언론도 농업·농촌에 대한 올바른 기사를 많이 실어 국민들이 농업·농촌의 실상을 제대로 알 수 있도록 해야 할 것이다.

학교교육도 학생들에게 올바른 농업관을 심어주는 데 일익을 담당해야 할 것이다. 교과서에 농업의 중요성을 일깨우는 내용을 싣는 한편, 농촌체험 학습을 정규교육과목으로 편성하여 아이들이 올바른 정서를 함양할 수 있도록 도와주고, 어렸을 때부터 농업의 소중함을 간직해 가도록 노력해야 할 것이다.

(2005. 10)

농어촌 외국신부 문화적응교육 필요

농어촌에 코시안(kosian)이 크게 늘고 있다. 코시안이란 한국인과 아시안인 사이에 태어난 2세를 말한다. 지난해 외국인과의 국제결혼은 모두 3만5447건으로 전체 혼인의 11.4%를 차지했다.

농어촌 총각 3명 중 1명은 외국여성과 결혼

특히 지난해 농어업에 종사하고 있는 남자 1814명이 외국 여성과 결혼했다. 이는 전체 결혼건수의 27.4%로 농어촌 총각 3명 가운데 1명은 외국 여성을 신부로 맞이했다.

국제결혼

우리나라 농촌으로 시집온 외국여성을 국별로 살펴보면 중국이 879명으로 가장 많고 베트남이 560명, 필리핀이 195명으로 전체 90%에 해당된다.

농어촌 총각 3명 중 1명은 외국여성과 결혼하고 있는 추세로 한국으로 시집온 외국여성에 대한 우리 문화에 대한 이해도 제고 등 이들이 하루빨리 정착할 수 있는 제도 마련이 요구되고 있다.

전북대 설동훈 교수팀의 조사결과에 의하면 여성 결혼이민자의 경우 본국에서는 대부분 중산층 여성들로서 본인과 가족들이 더 잘살기 위해 한국에 시집온 것으로 분석했다. 또 학력은 고졸 이상이 2명 중에 1명꼴이었으며, 전문대 이상도 22%나 되는 것으로 나타났다.

아울러 여성 결혼이민자들의 거주지는 도시와 농촌 비율이 3대 1 정도였으며, 한국인과 결혼해 국내에 거주하는 외국여성(결혼이민자) 가구의 절반 이상이 최저생계비 이하의 소득을 갖고 있는 것으로 나타났다.

한편 경북 예천군의 경우 올해부터 농촌 노총각과 동남아 여성의 결혼 주선사업을 군청이 직접 나서서 추진하고 있다. 이에 따라 농촌에서의 국제결혼과 이에 따른 2세 출산은 갈수록 늘어날 전망이다.

이처럼 국제결혼이 매년 40~60%씩 늘고 있는데도 이들에 대한 정부 차원의 지원책은 사실상 전무한 실정이어서, 이에 대한 대책 마련이 절실하다.

일본이나 대만의 경우 자치단체별로 외국인 배우자들을 위해 교육정보센터 및 가족상담 교실, 후원제도 등을 마련해 운영하고 있다. 따라서 농촌으로 시집온 외국여성에 대한 각종 교육프로그램이 마련돼야 한다.

한국문화 몰이해 사소한 오해 가정불화

왜냐하면 아내가 한국문화에 대한 몰이해로 인한 사소한 오해가 가정불화로 이어지고, 또 한국말이 서툰 엄마는 취학 전 아이 교육을 못해 같은 또래에 비해 지능발달이 늦어지는 문제 등이 발생되고 있기 때문이다.

우선 예산확보에 앞서 기존 학교시설을 이용해도 좋을 것 같다. 지역별로 학교를 지정해 밤 시간을 이용, 외국인에게 우리말 교육을 시키는 방법도 생각해 볼 수 있을 것이다.

　장기적으로는 예산확보에 따른 교육지원 대책이 강구되어야 한다. 지자체는 외국 신부들이 지역사회에 하루빨리 정착할 수 있도록 언어·문화교육 등 사후관리에 더 많은 노력이 요구되고 있다.

(2005. 10)

초등교 교과서부터 '농촌현실' 바로 담자

국가경제에 있어 농업의 역할은 단지 식량공급에만 한정되는 것이 아니다. 환경보전, 국토균형발전, 농촌 고용증진, 전통문화 계승 발전 등과 같은 다양한 기능을 연출하고 있다. 이러한 우리 농업의 환경보전 기능을 경제적 가치로 환산하면 무려 24조 원에 이른다. 그렇기 때문에 선진국들은 농업의 다원적 기능 유지를 위해 정책적 지원을 아끼지 않고 있다.

올바른 농업관속에 피어나는 선진국 농촌

반면 우리 농촌 내부를 들어다보자. 농촌의 인력들은 일자리를 찾아 도시로 떠나게 되고 사람이 살지 않는 빈집들이 농촌을 지키고 있다. 학생들이 없어 학교가 문을 닫아 농촌의 지역사회유지 기능이라는 명분은 허울 좋은 껍데기에 불과하다. 논둑 인심이 울타리 인심으로 또 다시 담장 인심으로 변질되어 가는 현실에서 농촌 사정은 갈수록 악화되고 환경은 급변하고 있다.

　급변하는 환경 속에서 농정을 원활하게 추진하기 위해서는 농업 농촌의 현실과 가치에 대해 국민의 올바른 이해가 절대적이다. 특히 21세기의 주역인 어린 학생들에게 농업 농촌을 올바르게 이해시키는 일은 더더욱 중요하다.

사회교과서 시대 뒤떨어진 내용 · 사진 대부분

초등학생들의 우리 쌀 체험

　학생들이 각종 지식과 정보를 습득하는 가장 중요한 매체는 교과서다. 예컨대 교과서에 농업 농촌 관련 내용이 어떻게 반영되느냐에 따라 어린이들의 이해의 정도에 커다란 차이를 가져온다.

　현재 초등학교에서 사용되고 있는 사회 교과서의 농업 관련 내용을 살펴보면, 농업 농촌이라는 단어는 갈수록 실종되고 있고, 실려 있는 내용조차 시대에 뒤떨어진 교육내용과 사진이 대부분이다. 아울러 현재 정부가 추진하는 농정실적 및 방향을 제대로 반영치 못하고 있음은 물론, 농업은 눈에 보이지 않는 공익적 기능이 대단히 크다는 점에 대한 설명은 거의 없다.

선진국의 경우 생활주변에서 쉽게 접할 수 있는 소재를 택해 어린 이들이 흥미와 관심을 가지고 농업을 이해하도록 접근하고 있다. 특히 일본의 경우 소학교 5학년 사회교과서의 절반 정도를 농업분야에 할애하고 있고, 특히 쌀에 대해서는 더 많은 비중을 두고 있다.

따라서 당장 각급 학교 교과서에 농업 농촌 관련 내용을 체계적으로 반영시키기 위한 노력이 강구돼야 한다. 그리하여 초등학생들에게 올바른 농업관을 심어 주자.

(2005. 10)

상해인의 근면성 본받자

얼마 전 중국 상해(上海)를 다녀왔다. 도자기, 차, 실크로 유명한 중국의 지도는 닭 모양을 하고 있다. 그중 상해시는 닭 가슴 부위에 해당된다.

본래 상해는 1842년 남경조약으로 개항된 이후 새로운 문물을 흡수해 온 국제적인 상업도시이다. 영국에 의해 중국 최초로 개방된 첫 항구도시지만 개방정책이 실시되기 선까시만 해도 중국의 여느 도시처럼 별다른 발전을 할 수 없었다.

하지만 개방 이후 90년대 중앙정부가 이곳에 집중적으로 투자를 시작하면서 동양의 또 다른 홍콩을 꿈꾸기 시작하였고 지금은 세계적인 경제중심 도시가 되었다.

중국에 관한 선입견을 갖고 있는 사람들에게 상해는 새로운 눈을 열어 주는 도시이다. 상해의 고층빌딩들은 다양한 디자인의 건축물을 장려하는 시정책에 의해 기발한 디자인으로 상해 스카이라인을 장식하고 있다.

과거 조계지로서의 흔적이 남아 있는 외탄과 황푸강 바로 건너편 들쑥날쑥 솟은 현대적 고층빌딩은 상해의 과거와 현재를 강 하나 사이로 이어 주는 듯한 독특한 분위기를 자아낸다.

상해의 동방명주

상해 시내 야경

6000년의 역사를 지니고 있는 상해는 서울면적의 10배, 1200만 명이 넘는 인구를 가지고 있지만 그중 640만 명은 도시의 외곽지역에서 살고 있다. 역사 속에서 중국의 어떤 도시보다 서양의 문물을 빨리, 쉽게 받아들인 곳이기에 중국의 다른 도시와는 색다른 문화를 접할 수 있으며, 다양한 볼거리, 놀거리, 먹을거리로 수많은 관광객을 유치하고 있다.

특히 일명 '도시의 쥐'라고 불리는 자전거로부터 '과부차'라 불리는 오토바이, '도시의 할머니'라 불리는 공공버스, '도시의 아가씨'라 불리는 알록달록한 택시, '도시의 주정뱅이'라 불리는 오토바이에 이르기까지 서울에서는 볼 수 없는 진풍경들이 연출되고 있었다.

상해의 야경

마지막 여정 길에 상해시 농산물 도매시장에 들렀다. 대부분 농산물은 우리 농산물보다 크고 굵고, 가격은 무척 싸다는 것을 한눈에 알 수 있었다. 물론 중국의 기후 조건이 좋고 생육기간이 길어서 농산물이 크고 굵다는 사실은 익히 알고 있었지만, 필자를 놀라게 한 것은 사람들의 손놀림이었다.

예컨대 북새통을 이루는 시장통 안에서도 상어가 먹이를 찾듯이 부지런히 손을 놀리고 있었다. 이른바 물건을 팔면서도 틈새시간을 이용해 뜨개질에 열중하고 있는 것이다. 누가 중국을 게으른 민족이라 했던가.

과거 중국인의 게으른 손들이 의지가 있는 손, 건강한 손으로 바뀌고 있다. 진정 손이 건강한 나라가 되어 가고 있는 것이다. 이제 중국

사람들이 한국인의 근면성을 추월하고 있다.

중국 농산물이 가짜가 판친다고, 중국 사람들조차 무시했다가는 화를 자초할 수 있을 것이다. 가짜 농산물은 발본색원하되 상해사람들을 능가할 수 있는 우리의 근면성을 하루빨리 회복해야 한다.

요즘 조류독감 공포가 재현되자, 양계농가의 경우 중국과는 달리 방역체계를 갖춘 전업농이 대부분인데도 불구하고, 벌써부터 닭과 계란 값이 생산비 이하 수준으로 떨어지면서 양계농가에 치명적인 타격을 주고 있다.

특히 조류독감에 대한 소식이 언론매체를 통해 전달되면서 가뜩이나 먹거리에 민감한 우리 국민들이 걱정을 넘어 불안감에 휩싸이고 있다. 물론 이에 대한 대비를 철저히 해야 함은 기본이다. 하지만 맹목적인 두려움으로 인해 우리 양계농가를 파탄지경에 빠지게 해서는 안 된다.

지금부터라도 국민들을 먼저 안심시키고 침착하게 대처하여 막연한 불안감을 해소시키는 것이 무엇보다도 중요하다. 국가적으로는 중국 등과 핫라인을 설치하여 실시간 통보시스템을 가동시키는 한편 특별방역도 철저하게 추진되어야 한다.

상어는 몸짓도 크고 무시무시해 보이지만, 부레가 없는 유일한 해양 동물이다. 그래서 잠잘 때는 물론이고, 평생 동안 쉴 새 없이 움직여야만 살 수가 있다고 한다. 중국 상해인들의 '상어 정신'은 우리 모두가 짚고 넘어갈 대목이다.

(2005. 10)

도심베란다서도 야생화 볼 수 있기를

요즘 유명호텔 행사장이나 회견장에서 우연히 근사한 꽃 장식을 마주쳤다면, 플로리스트의 손길을 떠올리면 될 것이다. 플로리스트(Florist)란 꽃을 의미하는 플라워와 예술가의 합성어로 꽃을 사용해 아름다움을 창출하는 화훼디자이너를 말한다.

예컨대 꽃다발을 포장하거나 꽃꽂이만 하는 차원이 아닌 파티나 행사장 꽃 장식에서부터 웨딩 부케 디자인, 매장 꽃 장식까지 꽃에 관한 모든 것을 책임지고 있다.

최근 국내 상류층의 소비가 고급 꽃 장식으로까지 확대되면서 몇몇 대학에서는 화훼디자이너 교육을 위해 플라워디자인과를 개설했다. 이는 졸업 후 꽃 디자이너, 그린 인테리어 디자이너, 장례장식가, 원예치료사 등 다양한 진로가 열려 있어 인기를 끄는 학과 중의 하나다.

유가상승 · 로얄티 부감 상승등 영향 화훼농가 울상

반면 화훼농가는 울상이다. 유가 상승, 로얄티 부담 증가, 가격 불안정 등 그렇지 않아도 힘겨운 터에 공기정화 기능이 있다는 외국산 산세베리아라는 식물이 과장 광고되면서, 경기도 한 농장의 경우 지난해 같은 기간에 비해 매출이 절반 가까이 줄었다고 한다. 당장 겨울철 비닐하우스 난방비를 걱정해야 할 형편이다.

또한 일본은 가정용 꽃 소비가 60% 이상을 점유하고 있는 데 반해 우리나라의 경우는 70% 정도가 행사용 및 화환용이라는 사실이다. 그리고 일본은 꽃 소비가 특정한 달에 30% 정도 이루어지고 있는 데 반해 우리나라 꽃 소비는 50% 정도가 졸업시즌이나 가정의 달 등 특정한 달에 집중되어 있다는 사실이다.

당장 우리 화훼농가의 소득안정과 건전한 화훼 소비촉진 문화의 정착을 위해 다음과 같은 대책이 필요하다.

첫째, 우리나라 꽃 소비는 행사용 꽃의 60%가 예식장과 장례식장에서 소비되고 있다. 문제는 재탕, 삼탕으로 사용되어지는 관행이다. 따라서 예식이 끝난 뒤 하객들이 화환용 꽃을 누구나 갖고 갈수 있도록 하는 문화가 조성돼야 한다.

둘째, 장례식장에는 흔히 국화 화환이 눈에 띈다. 하지만 국화 화환용도 재탕, 삼탕되는 경우가 많아 국화류 소비촉진에 지장을 초래하고 있다는 사실이다. 장례식장마다 폐기처분할 수 있도록 소각장 마련과 더불어 재탕, 삼탕에 대한 근절대책이 마련돼야 한다.

친환경 디자인 주목……화훼디자이너 적극육성

장기적으로는 꽃을 찾고 농촌을 찾는 사람들이 많아져야 한다. 예컨대 농촌의 무더기 들꽃들까지도 아름다운 꽃들로 피어나게 해야 한다. 최근 농촌에 친환경 농업이 확산되면서 친환경 디자인이 주목받고 있다.

이에 발맞춰 인간과 환경의 유기체적 삶의 연결에 중점을 두는 친환경 디자인을 선도할 플로리스트와 화훼디자이너들을 적극 육성해야 한다.

앞으로 농촌에는 항상 아름다운 꽃들이 도시사람들을 기다리도록 만들어야 한다. 그래야만 꽃향기 가득한 농촌나라에서 사랑의 추억이 만들어지고, 가까운 날에 도시의 베란다에서도 야생화 들꽃들이 피어나도록 해야 한다. 그래서 화훼농가에 희망을 줄 수 있도록 꽃을 찾는 사람들이 많아지기를 기대해 본다.

(2005. 10)

전통적 입맛 회귀운동도 과목으로 만들자

최근 여러 영역에서 대안운동이 활발하게 전개되고 있다. 대안교육 운동, 대안의료 운동, 대안문화 운동 등이 바로 그것이다.

슬로푸드, 현대농업에 대한 반성 대안운동으로 생겨

농업과 관련해서도 대안을 추구하는 운동이 일어나고 있는데, 그중 하나가 패스트푸드의 반대개념인 슬로푸드(slow food) 운동이다. 다른 대안운동이 기존의 체제나 대상에 대한 성찰에서 출발하고 있는 것처럼 슬로푸드 운동도 현대 농업에 대한 성찰로 생겨났다.

예컨대 오늘날 속도 중심의 생활은 우리를 패스트푸드의 노예로 만들고 있다. 이러한 패스트푸드적 생활방식은 우리의 삶을 망가뜨리고 소중한 자연과 환경을 파괴해 왔다.

이에 대한 반성으로서 능동적이고 실질적인 해답이 바로 대안농업 운동으로서 슬로푸드 운동이다. 이는 자국민의 전통적 입맛으로의 회귀운동인 셈이며, 우리나라처럼 소생산자에 기반을 둔 지역농업, 제철 농업을 옹호하고, 위기에 처한 종을 지키는 역할을 하고 있다.

1986년 로마 '맥도날드 반대운동'서 첫 시작

슬로푸드학을 만들자

슬로푸드 운동의 시작은 1986년으로 거슬러 올라간다. 미국 패스트푸드의 대명사인 맥도날드가 로마에 진출하자 이에 대항해 전통음식 보존의 기치를 내걸고 맥도날드 반대운동 차원에서 시작됐다.

하지만 소위 햄버거 등 편리하고 간편한 음식문화로 대변되는 패스트푸드는 생각보다 빠른 속도로 확산되면서 전통음식을 소멸시켰다.

이에 위협을 느낀 이탈리아 정부는 전통음식 보존이라는 기치를 내걸고 운동을 시작했다. 미국도 패스트푸드의 종주국이긴 하지만 최근 들어 슬로푸드 운동이 급속도로 미국 전역에 전파되고 있다.

슬로푸드 운동본부는 이탈리아 브라에 있으며, 현재 전 세계에 회비를 내는 정회원만 7만 명에 이르고 있고, 전 세계 45여 개 국가에 550여 개의 지부를 갖고 있다.

회원들은 슬로푸드 운동을 통해 멸종위기에 처한 작물이나 전통음식을 발굴 보존하고, 슬로푸드 운동 전파를 위한 교육·출판·성금모금 활동도 벌이고 있다.

선진국 대부분 환경운동과 연결 국민의식개혁으로 전개

이처럼 대부분의 선진국은 단순히 자국의 먹거리를 살리는 차원을 넘어 환경운동과 연결고리를 같이하고 있다. 소비촉진 운동 이상의 국민의식개혁 운동으로 전개되고 있다.

한편 우리 농업계 안팎에선 가요계의 전문 트로트학과와 화훼디자이너 교육을 위한 플라워디자인과가 생긴다고 한다.

요즘 농촌사랑운동 일환으로 전개되고 있는 농촌의 슬로푸드 마을이 인기다. 이 마을은 도시사람들이 가고 싶은 고향과 농촌 사람들의 희망이 함께 만날 수 있는 곳이다.

하지만 전통농업을 이론적으로 배울 수 있는 학습의 장은 이미 실종되어 버렸다. 즉 현행 초중고생의 교과서를 보면 농업 농촌이라는 단어가 갈수록 빠져나가고 있는 것이 이를 뒷받침하는 증거다.

따라서 전통농업을 바로 알기 위한 고민과정이 필요하다. 농업을 제대로 알아야 우리 농촌이 부활할 수 있다. 그러기 위해서는 슬로푸드학이 필요하다. 즉 정치경제, 외교문화, 역사, 사회심리 등 종합적으로 접근한 슬로푸드학을 만들어 우리 학생들이 한국 전통농업을 제대로 알 수 있는 기회가 마련되어야 한다.

웰빙슬로푸드를 찾아서

패스트푸드에 길들어진 아이들에게 전통음식을 기대하는 것은 우물가에서 숭늉을 찾는 것과 다를 바 없다. 당장 슬로푸드학을 만들자. 그래야 비로소 길이 열릴 것이다.

(2005. 11)

올바른 농업관부터 세워야

'즐'이란 젊은이들 사이에 유행하는 일종의 은어로서 본래 '즐겁게 사세요.'라는 긍정적인 뜻을 가지고 있다.

하지만 요즘은 확대 해석돼 헤어질 때나 대화를 끊을 때 사용되면서 '그만둬라', '그만 하겠다' 등의 부정어로 사용되어지고 있다. 그런 의미에서 '즐'이란 단어는 긍정과 부정의 두 얼굴을 가지고 있다.

지난 11일, 농업인의 날과 빼빼로 데이는 안타까운 절규와 즐거운 비명으로 희비가 엇갈리는 '즐'의 모습 그대로였다. 달력을 보면 분명 이날은 '농업인의 날'로 표시돼 있다.

이날은 농업인을 위한 각종 기념행사를 개최함으로써 풍년농사를 축하하고 그간의 노고를 치하하고 있다. 또 한 해 동안 농업인의 권익 향상에 노력하고 농업발전에 기여한 유공자에 대해 정부가 각종 훈·포장 등을 수여하기도 한다.

그러나 우리 농민들은 농업인의 날, 함께 기뻐할 수 없는 울고 싶은 날이 아닌가 싶다. 물론 부채가 수입을 앞지르는 냉혹한 현실이 부정적 사고로 표출되는 면도 있겠지만, 제과업계가 빼빼로 대박축제에 푹 빠져 있는 동안, 당장 우리 농촌은 추곡수매제 폐지로 불과 한 달여 만에 쌀값이 크게 하락해 쌀 대란이 일고 있는 실정이다.

러브미 농촌사랑마라톤대회

또한 DDA협상의 진행속도가 지지부진해지면서 12월에 열리는 홍콩 각료회의에 대한 기대치는 점점 낮아지고 있다.

예컨대 지난 8일과 9일 제네바의 세계무역기구 본부에서 핵심쟁점에 대한 막판 절충을 벌였지만, 아무런 성과를 거두지 못한 채 끝내 결과를 예측하기 어려운 안개 정국으로 빠져 들고 있다.

이에 우리나라는 쌀을 지키기 위해 지난해 말 쌀 수출국들과의 협상을 통해 일단 관세화 유예를 택했고 DDA협상에서는 민감품목과 개도국 우대라는 두 마리 토끼를 잡기 위한 이중의 방어망도 구축해 놓고 있다.

하지만 협상환경은 우리가 생각하는 것 이상으로 차디차게 무장되어 있는 것 같다. 1994년 타결된 우루과이라운드협상 때와는 달리,

한국이 개도국 지위를 얻는 것에 대해 반발 분위기가 확산되고 있는
것이 큰 문제다.

한편 최근 자료에 의하면 전체 농가 중 벼농사를 짓고 있는 농가는
농지면적의 51.5%에 달하고 있지만, 연간 쌀 농가의 소득은 타 업종
과 달리 2212만 원으로 가장 낮다. 진정 초라한 쌀 농가 성적표다.
이런 상황에서 누가 쌀농사를 계속하겠는가?

쌀은 생명이다

특히 농업은 자연과 직접 관계를 맺으면서 인간에게 가장 중요한
식료(食料)를 생산하는 기본산업이다. 그런데 이런 기본산업이 축복받
기는커녕 비교우위 논리에 의거해 도리어 크게 소외당하고 있다.

물론 농업 인구가 전체 인구의 10%에도 못 미치고 식량자급률이
30%에도 안 되는 나라에서 그것은 자연스러운 현상일 수도 있다. 하
지만 국내 농업이야 어떻게 되든 날마다 오르는 식탁의 먹거리만 안

떨어지면 된다는 단견은 금물이다.

당장 쌀 생산 농가의 고통도 고통이려니와 그나마 자급하고 있던 쌀도 이렇게 되면 자급률 하락은 명약관화한 것이 되고, 수입쌀 의존도가 높아질 경우 지금과 같은 김치파동이 쌀에서도 일어나지 않으려는 법이 없다.

그런데도 사람들은 당장의 이해관계 속에서 어떤 일을 처리하는 경우가 많이 있다. 자기에게 이익이 되면 받아들이고 손해가 되면 거절하기도 한다. 무엇이 옳고 그른가보다는 그때의 자기감정, 그리고 어떤 이익에만 너무 집중하는 경우가 있다.

특히 평생을 도시에서 살아온 사람들은 농업의 축소가 선진산업국의 전제조건인 양 알고 있는 경우가 많다. 하지만 먹을 것이 없으면 굶어 죽는다는 사실에 주시해야 할 필요가 있다. 멀리 갈 것도 없이 지난 수년 간 북한의 경우를 보면 알 수 있다.

오늘날 세계 농업은 자연과 첨단기술이 결합된 유망한 미래 산업으로 발전하고 있다. 선진국일수록 농업을 미래의 유망산업으로 인식하고 있으며, 농업부문의 경쟁력을 높이기 위해 농업분야에 대한 투자를 더욱 늘리고 있다.

우리나라 역시 분발해야 한다. 언론과 사회지도층은 농업·농촌에 대해 많은 관심을 기울이고, 학교교육도 학생들에게 올바른 농업관을 심어주는 데 일익을 담당해야 한다.

농업인도 경영주로서 자긍심과 책임감을 갖고 창의와 연구를 통해 소비자들에게 안전하고 품질 좋은 농산물을 공급하는 한편 농업관련 기관은 농업의 중요성을 널리 알리기 위해 농업관 바로 세우기 캠페인을 지속적으로 전개해 나가야 한다.

그리하여 우리 농업의 가치를 제대로 알고, 농업인을 제대로 대접하는 그런 사회가 되어야 한다.

(2005. 11)

인터넷 초고속망 설치 소외지역 없애자

IT 산업이 이 시대의 주류를 이루고 있다. 특히 우리나라 산업 중에서 IT 산업은 흔히 심장에 비유될 정도로 중요한 역할을 담당하고 있다. 따라서 IT 산업이 앞으로 우리 경제성장의 중추 역할을 할 것이라는 말에 이견은 없을 것 같다.

이를 증명하듯 초고속 인터넷 서비스 가구 수가 이미 1100만 가구를 상회해 가구 보급으로는 73%의 점유율로 세계 1위를 기록하고 있다는 사실이 이를 입증한다.

다른 분야에 비해 변화의 패턴이 가장 빠른 IT 산업이 이처럼 압축성장과 고속성장을 하게 된 데는 정부정책, 기업인들의 숨은 노력과 더불어 '빨리 빨리' 문화를 유독 좋아하는 한국인의 국민성과 아파트 중심의 독

유비쿼터스 농촌을 위하여

특한 주거문화 그리고 시장에서 규제 없는 무한경쟁을 보장했던 정부정책이 빚어낸 한국적 정보산업(IT)의 산물이다.

이처럼 최근 몇 년간 우리나라는 세계 초고속 인터넷 보급률 1위를 기록할 정도로 정보기술 강국으로 도약한 덕택에 농촌도 정보화 측면에서 배려의 대상이 되고 있다. 정부와 지자체의 노력으로 전국 농가의 33%인 42만 가구에 컴퓨터가 보급됐다.

특히 도농 간 균형발전 차원에서 농촌의 정보화를 지원하기 위한 '한국 유비쿼터스(U)농촌 포럼'이 지난 3월 출범했다. 'U농촌'이란 농민들이 장소에 상관없이 네트워크나 인터넷에 자유롭게 접속할 수 있는 정보통신 환경을 의미하며, 이른바 디지털 새마을운동으로까지 불리어지고 있다.

그러다 보니 농촌의 영농패턴도 e - 편한 세상이 되고 있다. 모든 시설원예 농가들이 그렇듯이 정전은 난방을 하는 농가들에겐 비상사태로 큰 경제적 피해가 수반된다.

그러나 휴대폰을 통해 이러한 하우스 비상상황을 문자나 음성으로 긴급히 전해 주는 서비스가 생기면서, 하우스 강우량, 온·습도, 온풍기 상태 등 영농현장을 휴대폰으로 실시간 확인하고 볼 수 있게 됨으로써 우리 시설원예농업의 리스크가 크게 줄어들 것으로 예상된다.

유비쿼터스 시설영농

이를 뒷받침하듯 비닐하우스나 저온창고, 양계장 등과 같이 주거지로부터 떨어져 있는 농축산 시설물의 현재 상태를 언제 어디서나 휴대폰을 통해 확인 및 제어할 수 있는 그린넷 시스템이 최근 개발되어 본격 출시되고 있다.

따라서 인터넷은 농가의 영농활동에 있어 주요한 부분으로 자리 잡고 있다. 하지만 농촌지역은 이 같은 혜택에서 소외되고 있는 지역이 아직도 많다. 특히 농촌에서 친환경 농산물을 재배하며 도시 사람들에게 사이버 판매 및 농촌 체험활동을 신청받아 생계를 유지하고 있는 경우, 초고속 인터넷 망이 구축되지 않아 불편함을 호소하는 경우가 다반사다.

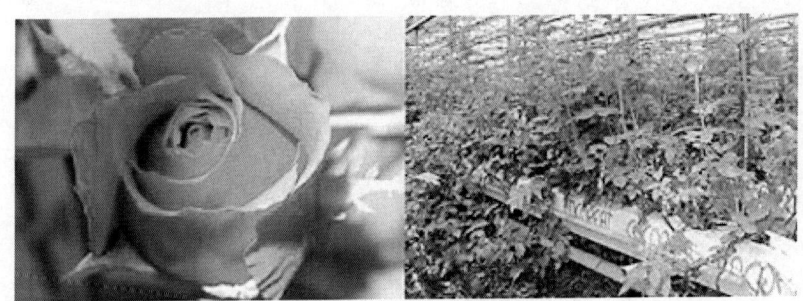

유비쿼터스 시설영농

도시에서 인터넷을 하지 않으면 거의 문맹국에서 사는 느낌일 것이다. 그러나 농촌은 상관이 없을 것이라는 생각은 그야말로 편견이다. 농촌 역시 농산물 시세의 실시간 정보가 어느 곳보다 절실하다. 또 세상 돌아가는 상황과 도시인들의 트랜드를 알아야 작물재배 때 참고하고, 작물의 출하시기와 출하량을 조절할 수 있다.

그 같은 정보를 주는 인터넷 초고속망이 깔리지 않아 그 답답함은 상상을 초월한다. 구형 전화모뎀에 의존하고 있으니 속도가 느려 무엇 하나 다운받으려면 아예 다른 볼 일 다 보고나야 된다. 거기다 끊기지 않으면 다행이다.

특히 농촌은 병원도 적고 병충해에 대한 방제도 절실한 곳이라 초고속망만 깔려 있다면 화상진료와 함께 병충해 작물을 화상을 통해 실시간으로 농업기술센터 등에 보낼 수 있다.

어느 곳보다 초고속망이 필요한 곳이 농촌인 것이다. 정부는 수익이 없다고 기피하는 민간사업자들에게만 맡길 게 아니라 정부 예산을 투입해서라도 농촌에 초고속망을 깔아 줘야 할 것이다.

그리하여 농업분야에도 더 많은 산업적 부가가치를 제공할 수 있도록 보다 적극적인 관심이 필요한 때이다.

(2005. 11)

농업생명공학 적극 육성해 농촌에 희망을

일찍이 공자(孔子)는 식(食), 병(兵), 신(信) 셋 중에서 군사(兵)보다 더 중요한 것이 백성을 배불리 먹이는 식(食)이라고 하여 군사력보다 식량안보를 중요시했다.

이러한 농경사회의 농업관은 서구의 기독교 사상에서도 잘 나타난다. 기독교의 교리에서는 농민은 식량을 생산하는 근면한 사람들로서 '신의 선택을 받은 자(the people chosen by God)'로 여겨 왔다.

우리나라에서는 조선시대의 세종대왕이 "국가는 백성을 근본으로 삼고, 백성은 식량을 하늘로 삼는다"(國以民爲本 民以食爲天)는 사상을 통치이념으로 정하였다. 근대사회에 이르러 프랑스의 경제학자인 미라보는 농업을 상공업의 뿌리라고 하였다.

오늘날 세계 농업은 자연과 첨단기술이 결합된 유망한 미래 산업으로 발전하고 있다. 선진국일수록 농업을 미래의 유망산업으로 인식하고 있으며, 특히 농업부문의 경쟁력을 높이기 위해 생명공학 농작물 분야에 대한 투자를 더욱 늘리고 있다.

IT-BT접목기술 한자리에

생명공학 농작물은 유용 유전자를 찾아 작물에 넣어 주는 방법으로 종(種)의 한계를 뛰어넘는다. 왜냐하면 식물뿐 아니라 동물이나 미생물에서도 식물체에 유용한 유전자를 발굴하기 때문이다.

IT-BT접목기술 한자리에

이런 강점 때문에 96년 유전자 재조합 작물 상업화가 시작된 이후 지난 9년간 전 세계적으로 농업생명공학 산업은 놀라운 성장을 거듭했다. 앞으로 5년 후에는 세계 농산물 시장의 85%가 유전자 재조합 작물로 채워질 것으로 전망된다.

현재까지 농업생명공학 산업은 미국 주도하에 있다고 해도 과언이 아니다. 즉 시장에서 유통되고 있는 생명공학 작물은 미국의 농업생명공학 기업들이 개발한 종자를 재배해 얻은 작물들이 대부분이다.

특히 현재 재배 중인 대부분의 생명공학 작물은 제초제 혹은 해충 저항성 작물들로 생산원가를 절감하거나 수확량을 증가시키는 특성을 갖는 작물이 대부분이었으나 이제는 유통 및 식품가공업자, 소비자 등에게 보다 실질적인 혜택을 주고 특정한 영양소와 건강 기능성을 향상시켜 부가가치를 증가시킨 2세대, 3세대 신품종이 지속적으로 개발되고 있다.

우리 농업 역시 기술집약과 규모 확대가 진전되면서 시설채소와 과수, 화훼 등이 빠른 속도로 성장하고 있고, 일부 신선 농산물과 가공식품 부문에서는 수출이 꾸준히 늘어나고 있다.

반면 현재 우리나라의 작물 생산비율은 세계에서 0.5%를 차지하며 이는 연간 15조 원에 해당한다. 만약 우리가 경쟁력 있는 작물에 대한 기술을 정비하지 않는다면 머지않아 우리 식탁은 외국 농산물에 의해 점령당하게 될 것이다.

생명공학기술로 더 크고 맛있는 사과를 만들 수 있다

그동안 국내 농업생명공학기술은 유전자 재조합 작물개발을 반대하는 여론에 밀려 상당히 지연되었다. 하지만 농업생명공학은 식량난 해결과 고용창출·비용절감·기술력 수출을 통해 다양한 경제적 혜택을 창출하는 미래 산업이다.

따라서 우리는 과학적인 정보를 바탕으로 유전자 재조합 작물 및 농업생명공학의 올바른 국민 인식 개혁을 통해 농업생명공학 발전을 도모해야 한다.

그리하여 우리 농업도 투자 여하에 따라 크게 달라질 수 있다는 가능성을 보여 주어야 한다. 예컨대 선진국 농업처럼 첨단기술을 접목시켜 생명공학농업을 육성하면 얼마든지 21세기에 유망산업으로 발전할 수 있다는 희망을 보여 주어야 한다.

물론 국내에서도 농촌진흥청을 비롯한 많은 연구기관에서 특정 환경에 강하거나 해충이나 제초제에 내성을 지닌 생명공학작물을 연구 중이기 때문에 머지않아 상업화가 가능할 것으로 예상된다.

앞으로 과학적인 정보를 바탕으로 생명공학 작물 및 농업생명공학에 대한 올바른 인식을 갖는 것은 물론 생명공학작물에 대한 투자와 연구에 더욱 힘써 세계 생명공학 작물시장에서 우리나라가 당당히 앞서 가야 할 것이다.

(2005. 11)

생명공학기술로 더 크고
맛있는 사과를 만들 수 있다.

농촌리더 육성 시급

농촌은 유두일(有頭日)을 원한다

직장인들이 가장 즐거워하는 날이 '무두일'(無頭日)이라는 말을 들은 적이 있다.

'무두일'이란 조직의 리더나 윗사람이 출장이나 휴가로 자리를 비운 날을 뜻하는 조어다. 아마 수직적 리더십이 강한 조직 속에 몸담고 있는 부하직원일수록 그런 생각이 강할 것이다. 그래서 직장인에게 무두일은 행복하고, 일을 해도 즐겁다고 한다.

요동치는 도시환경 속 구직자들이 열릴 줄 모르는 취업문에 연신 눈물을 삼키는 현실에서 무두일이란 말이 여전히 감동으로 통용된다는 것이 내게는 여전히 딜레마다. 아마 직장인들이 그만큼 자아실현의 욕구와 수평적 리더십의 시대를 요구하고 있는 까닭일 게다.

그러나 정보와 지식이 넘쳐나는 지금의 세상은 다양한 문화와 경험을 제공하지만 이는 동시에 불확실한 미래에 대한 막연한 불안감 또한 갖게 만든다. 이 불안함은 우리 모두에게 유능한 리더십을 요구하고 있다.

그런데 이 세상에 재능을 가지고도 성공하지 못한 사람처럼 흔해빠진 것은 없다. 진정 도시라는 세상은 많이 배운 낙오자들로 가득하다.

온 가족이 함께하는 신나는 농촌체험

하지만 농촌은 그와 정반대다. 흙에서 나는 것치고 사람 입에 들어가지 않는 것이 없을 만큼 농업은 중요한 산업이다.

또 정직한 노동과 생명력이 있고 성장과 결실의 법칙이 정직하게 드러나기에 농업은 근본인 동시에 터전임에도 불구하고, 사소한 일에까지 꼬치꼬치 신경을 써주는 깐깐한 리더는 찾아볼 수가 없다. 이런 농촌에 무슨 무두일이 필요하겠는가. 당장 농촌은 깐깐한 리더를 필요로 하는 유두일(有頭日)을 원하고 있다.

온 가족이 함께하는 신나는 농촌체험

요즘 농촌엔 농촌관광 사업이 뜨고 있다. 농촌관광 사업이 농촌의 새로운 대안의 하나일 수 있지만, 돈이 쏟아지는 로또가 아님을 명심해야 한다.

녹색관광으로의 도전은 새로운 고통과 더 많은 인내가 동반되는 싸움이기도 하다. 오로지 농촌구성원의 인내와 농촌리더의 유능한 리더십만이 성공으로 가는 지름길이다. 재능은 하늘이 준 선물이다. 하지만 그 재능을 믿고 도시라는 전쟁터로 내몰리는 농촌리더들의 그 재능이 오히려 불행과 실패의 원인이 되고 있다.

지금의 시점에서 우려하지 않을 수 없는 부분은 과거 새마을운동처럼 '초가집도 없애고 마을길도 넓히는 데 앞장섰던 농촌 지도자가 사라지고 있다'는 데 있다. 특히 우리 농촌의 역사를 면면히 이어 온 다양한 가치와 정신들은 갈수록 실종되고 있다. 이제부터라도 농촌은 소득의 가치를 넘는 매우 소중한 사회적 자산임을 분명히 인식해야 한다.

이제 농촌 관광마을이라는 버스보다 농촌관광 버스를 운전할 수 있는 면허증을 가진 리더가 우선순위가 되어야 한다. 즉 똑똑한 리더가 앞에서 끌어주고 마을주민들이 뒤에서 밀면 분명 농촌 마을은 달라질 것이다.

마을주민들이 무농약으로 재배한 감

지금까지 전국적으로 마을가꾸기가 활성화된 지역을 살펴보면 지역 리더의 역할은 절대적이다. 특히 리더를 중심으로 지역의 특성을 살린 농촌관광으로 새로운 전기를 마련하는 마을이 있는가 하면 농산물 유통사업, 사이버 팜구축으로 고부가가치를 창출하거나 계를 통해 출산장려금을 전달하는 등 저출산 문제해결에 노력하고 있는 마을도 있다.

이런 변화는 활력이 떨어진 마을의 침체위기를 극복하여 아름다운 농촌을 살리고 희망을 심는 농촌을 만들고자 열망하는 마을 주민들의 자발적인 움직임이다. 따라서 농촌이 새로운 전기를 마련하기 위해서는 지역의 리더를 발굴하고 육성하는 문제가 가장 선결해야 할 조건이다.

다음으로 전문가 참여와·행정적 뒷받침이 필수다. 농촌이 활성화되는 것은 그곳의 마을 지도자와 주민들의 애틋한 노력이 그 바닥에 깔려 있다. 이들이 지치지 않으려면 주변의 관심과 협조, 전문가들의 참여, 행정의 뒷받침이 있어야 한다.

예컨대 확실한 인력정책의 도입, 농촌지역 복지정책의 강화, 지역리더의 발굴 및 육성, 산학관련 지원조직체의 구성, 지역특성에 맞는 교육 지원, 지역자원의 개발 등이 필요하다.

특히 지역 리더의 발굴 및 육성이 우선순위에서 밀려서는 안 된다.

마을주민들이 무농약으로 재배한 감들

(2005. 11)

브랜드파워, 지리적표시제로

지리적표시제 등록상품 - 보성녹차단지

지리적 표시제란 농특산물이 특정지역의 기후와 풍토 등 지리적 요인과 밀접한 관련이 있을 경우 지명과 농산물을 연계·등록해 보호하는 제도이다.

지리적표시제 도입중 상품

이러한 지리적 표시제는 지역의 자연환경과 인간이 빚어낸 공공재산인 까닭에 지역 내 향토 지적자산을 활용한 지역산업화 방안은 대표적인 지역산업 발전전략 중의 하나이다.

그런데 아무 관련이 없는 외지업체나 외국 기업이 그 지역을 이용해 돈벌이 수단으로 하는 행위가 자행된다면 어떻게 할 것인가. 아무튼 권리를 도용당하고, 심각한 경제적 손실을 가져다주는 몰지각한 행위만은 막아야 한다. 여기에 향토 지적재산을 권리화하고 보호해야 하는 당위성이 있다.

아울러 국내에는 지리적 명성에 기인하는 유명 농특산물이 많지만 지리적 표시제로 등록되지 않아 다른 지역산물과의 차별화가 되지 않고 있는 경우가 다반사다.

선진국의 경우 정보기술의 진전과 교통수단의 발달로 정보취득이 쉬워지고 거래비용이 점차 감소되는 추세임에도 불구하고 이 같은 지리적 표시제를 지역 관건으로 보고 적극 권장하고 있다.

미국과 호주는 WTO 패널에 와인과 주정을 제외한 농산물 및 식품에 지리적 표시제와 원산지 표시제를 적용하는 것은 규정에 어긋난다는 의견을 제시한 바 있다. 하지만 WTO 패널은 EU 시스템에 어떠한 하자도 없다는 점에 동의하였고, 양국이 제시한 의견의 대부분을 기각했다.

이처럼 지리적 표시제 보호는 EU 식품정책의 통합적인 부분이고, EU는 이러한 보호 시스템을 국제적으로 확산하고자 노력하고 있다. 이러한 EU의 정책은 품질에 대한 소비자 관심 제고를 반영하고 있으면서, 동시에 농촌공동체와 특화된 농산물 개발을 촉진하기 위한 것이다.

이와 같은 WTO 패널의 결정은 EU로 하여금 명칭의 불법적 사용을 막을 수 있는 강력한 보호 체계에 대한 근거를 마련할 수 있게 하는 계기를 만들어 주었다.

현재 EU에는 약 700여 가지의 지리적 표시제가 등록되어 있다. 프랑스는 1900년대를 전후해 신대륙의 포도산업에 밀려 자국산 포도의 가격폭락과 이에 따른 품질하락의 악순환을 겪었다.

이에 프랑스 정부는 1935년 지리적 표시제를 강화하여 샴페인, 코냑 등 전통적 브랜드의 권리침해 방지에 적극 나섰다. 현재 포도·치즈 등 600여 개의 지리적 표시제 품목들은 연간 20조 원의 가치를 창출하고 있다. 이탈리아에서도 지리적 표시제는 120억 유로의 가치 창출과 30만 명에게 일거리를 제공하고 있다.

청정 농산물 지리적 표시제 도입 늘어날 것

한편 우리나라의 경우 1999년 농산물 품질관리법에 지리적 표시등록제도의 시행 근거가 마련됐고, 2002년 보성녹차를 시작으로 양양 송이, 괴산 고추, 경북 영양 고추, 서산 6쪽 마늘 등 현재 5개 품목이 등록돼 있다.

지리적표시제 등록상품 - 보성녹차

지리적 표시제 도입 중인 상품은 철원 오대쌀, 해남 겨울배추, 제주도 흙돼지, 고창 복분자 등이며 앞으로 청정 농산물에 대한 지리적 표시제 등록이 늘어날 것으로 판단된다.

하지만 우려의 시선도 무시할 수는 없다. 왜냐 하면 지리적 표시를 등록하고 활용하는 주체는 농산물과 그 가공품을 생산하는 농업인 및 생산자 단체이다. 실제로 등록절차를 밟으려면 상당한 시간과 노력도 필요하지만, 자칫 지역산업화를 위한 질적 발전보다는 바람몰이에 편승하는 얄팍한 뜨내기 브랜드가 양산될 수 있다.

따라서 초기 마케팅 노력과 비용 절약, 소비자의 신뢰를 확실하게 확보할 수 있는 파워 브랜드 구축은 물론 그 명성과 전통까지 대내외적으로 인정받을 수 있도록 조직 결성, 정관 및 자체 품질기준 마련 등 준비단계에서부터 꼼꼼하게 챙겨야 한다.

아울러 이 같은 과정을 통해 지리적 표시제로 등록된 농특산물 단지에 농림부의 지역농업클러스터사업을 적극 접목시켜야 한다.

앞으로 지리적 표시제는 우리 농업, 농촌을 살리는 데 큰 도움을 줄 제도이다. 여기에 농업인과 생산자단체, 지자체 공무원, 농업관련 단체들은 이 제도를 적극 활용하는 방안을 마련하는 데 머리를 모아야 할 이유가 있다.

(2005. 11)

한국농업, 10년 로드맵 가동하자

시간은 벌었지만, 경쟁은 심화될 듯

동심이 천진난만한 어린아이들의 마음이라면, 농심(農心)은 거짓 없는 진실, 꾸밈없는 순수함, 꿀벌처럼 열심히 일하는 부지런함의 대명사다. 그런데 요즘 농심이 통한의 눈물을 흘리고 있다. 쌀 협상 비준안이 국회를 통과했다.

농촌은 희망이다

정부와 국회는 왜 이런 선택을 하였을까. 한번 따져 보자. 본래 자유무역이라 함은 세계국가들이 궁극적으로 추구하는 무역방식이다. WTO체제하에서의 UR이나 DDA에서 논의하는 것이 무역장벽의 철폐다. 어떤 재화에서나 시장개방은 피할 수 없다.

쌀 개방 또한 마찬가지다. 쌀시장이 개방되면 농업인들은 당장 쌀값 하락으로 큰 피해를 보게 되고 생존권은 위협받게 된다. 그래서 개방 시기를 늦춰 보자는 것이 관세화 유예이다. 관세화를 유예하면서 일정 부분의 반대급부를 주는 것은 불가피할 것이다.

한편 농민단체 등은 국회에서 가결된 쌀 협상 비준안을 인정할 수 없으며, 쌀 수입을 막기 위한 강력한 투쟁을 계속 벌여 나가겠다고 밝히고 전국적인 규탄대회를 펼치고 있어 앞으로 쌀 투쟁이 걱정이 된다.

이렇게 쌀 문제가 국가적인 정치사회 문제로 대두되고 있는데도 대부분 국민들은 이해가 부족하여 쌀 협상 비준안이 무엇인지 자세히 모르는 것 같다. 쌀 협상 국회비준 동의안이란 정확히 '쌀 관세화 유예 연장 협상'을 말한다.

이른바 세계대전이 종결되고 국제무역질서를 바로잡기 위해 '관세와 무역에 관한 일반협정'(GATT)이 만들어졌다. 그 8번째 회의가 바로 UR협상이다. 따라서 GATT는 지난 94년에 종지부를 찍고, 95년부터는 정식 국제기구인 '세계무역기구'(WTO)가 출범했다.

그때 WTO가 출범하면서 우리나라는 UR협상 결과 1995년부터 2004년까지 국내 쌀시장을 개방하지 않는 관세화 유예를 인정받았다.

그리고 지난해 정부는 WTO 회원국들과 재협상을 통해 다시 10년간(2005~14년) 국내 쌀시장을 열지 않는 관세화 유예로 합의했다. 합의 결과 우리나라는 시장을 개방하지 않는 대신 10년간 의무적으로 연간 국내소비량의 4.4~7.96%에 해당하는 외국쌀을 수입키로 한 것이다.

이것은 국가적으로 매우 중요한 사안이기 때문에 국회에 상정한 것으로 국회비준이라는 것은 '쌀 관세화 유예협상을 국회에서 비준한 것이다'라고 보면 정확하다.

이제 국내 쌀 농가는 지난 95년 UR협상 때보다 훨씬 강도 높은 시험대에 섰다. 비준안 처리로 일단 10년이란 시간은 벌었지만, 동시에 밥쌀용 수입산 시판 허용과 의무도입 물량 두 배 확대라는 만만찮은 대가를 치러야 한다.

아울러 당장 올해부터 벼 수매제도가 폐지되어 쌀 잉여량의 과다발생과 가격하락은 계속될 것이고, 농산물 생산이력제 도입으로 쌀 판매 경쟁은 극도로 심화될 것으로 보인다.

책임경영제 도입 농산물 유통주식회사 설립해야

따라서 이번 국회 비준으로 2015년 이후에는 쌀을 포함한 모든 농업분야가 전면 개방되기 때문에 앞으로의 10년이 우리 농업의 존폐를 가늠하는 마지막 기회다. 10년 후 시장 개방에 흔들리지 않기 위해서는 우리 쌀 경쟁력 강화가 필연적이다.

우선 정부가 농촌·농업 종합대책으로 내놓은 119조 원의 투자 사업을 내실 있게 추진하는 것이 중요하다. 그러기 위해서는 우리 농업의 경쟁력 강화를 위한 장기 로드맵을 구체적으로 만들어서 119조 원의 농업예산이 여기에 효과적으로 사용되어져야 한다.

이를 테면 농촌이라는 공간적인 측면과 농업이라는 산업적인 측면, 농업인이라는 주체적인 측면으로 구분하여, 우선적으로 농촌 공간 인프라 구축과 농업 경쟁력 강화 문제에 집중 투입해야 하며, 농업인에 대한 소득보전 문제는 별도의 복지차원에서 예산지원이 뒷받침되어야 한다.

또 직접지불제 등을 법제화를 통한 농촌 지원과 농기계 보조금의 확대, 학교급식비 지원을 통한 고품질 쌀의 판로 확보는 물론 농민들의 피해를 최소화하기 위해서는 식량자급률 법제화를 서둘러야 한다. 현재 우리나라의 식량자급률은 쌀을 포함해서 26.9%에 이를 뿐이며, 쌀을 제외하면 5%에도 미치지 못하는 실정이다.

지자체 등에서는 농산물 유통주식회사를 설립할 필요가 있다. 예컨대 농업의 유통환경이 생산중심에서 판매중심으로 변하고, 재래시장에서 대형 유통점으로 변화되고 있는 상황에서 도시 소비자의 농산물 구입형태는 대형 유통점에서 구입하는 것을 선호하고 있다. 아울러 대형 유통점은 산지 유통회사를 통해 농산물을 확보하는 추세이다.

농촌은 생명창고다

따라서 소비자의 욕구를 충족시킬 수 있는 고품질 농산물 육성과 더불어 디자인, 포장, 각종 정보, 신기술 지원으로 가격 경쟁력 확보가 급선무다.

그러므로 쌀을 비롯한 지역 내 주요 농특산물을 대상으로 전문경영인을 통한 책임경영제를 도입한 농산물 유통주식회사를 설립해야 한다. 그리하여 고정고객 확보를 통한 안정적인 판매, 수도권 대도시 중심의 판매활동 강화, 고품질 브랜드 상품 육성으로 고가판매를 유도하는 등 안정적 판로구축과 고부가 상품화를 위한 판매 전략이 필요한 시점이다.

(2005. 12)

'위기의 농촌 구하기' 국민 모두가 나서자

우리 집, 우리 학교, 우리 마을, 우리 고장, 우리 민족, 우리 아이, 우리 친구들, 우리 선생님, 우리 제자, 우리 조상 등 '우리'라는 말은 참으로 '협동'과 불가분의 관계가 있는 말이다.

앞에서 끌어주고 뒤에서 밀며

또 "백지장도 맞들면 낫다"라는 말은 우리 조상들의 협동정신을 엿볼 수 있는 대목이다. 그런 의미에서 '협동'에 관한 예화를 한 대목 소개하고자 한다.

옛날에 세 부족이 살았다. 한 부족은 매사에 경쟁하기를 좋아하는 성격을 가졌다. 그들은 무슨 일이든지 다른 사람과의 경쟁에서 반드시 이겨 일등을 하고 싶어 했다.

가장 살기 좋은 동굴을 찾아내기 위해 서로 경쟁하였고, 가장 좋은 사냥감을 차지하기 위해서, 가장 좋은 정원을 차지하기 위해서 경쟁하였다. 음식을 차지하지 못한 사람과 쾌적한 동굴을 차지하지 못한 사람은 죽어 갔다.

이렇게 해서 살아남은 자들은 보다 위험한 방법으로 경쟁을 계속했다. 그들은 맨손으로 호랑이를 잡는 경쟁을 하다가 죽어 갔고, 음식과 좋은 자리를 차지하려다가 죽어 갔다.

마침내 한 사람만이 살아남게 되었다. 그러나 그는 곧 죽고 말았다. 왜냐하면 누군가와 경쟁하지 않고 살아가는 방법을 몰랐기 때문이다.

또 다른 부족은 혼자 살아가기를 좋아하는 성격을 가졌다. 이들은 혼자 사냥을 했고, 혼자 동굴에서 작업을 했으며, 다른 사람들과 떨어져서 살아가기를 좋아했다. 위험이 닥쳤을 때도 이들은 혼자 해결했다.

큰 홍수가 일어났을 때 많은 사람들이 죽었는데, 왜냐하면 이들은 다른 사람들의 처지는 무시하고 자기의 동굴에만 제방을 쌓았기 때문이었다. 또한 호랑이들에 의해서 많은 어린이들이 물려 죽었다. 왜냐하면 호랑이가 나타난 것을 다른 사람에게 경고해 주지 않았기 때문이었다.

이러한 이유로 이 부족은 곧 사라지고 말았다. 극단적인 개인주의자가 됨으로써 이들은 제대로 재생산을 하지 못하였고, 대부분 아동은 어른들이 돌보아 주지 않았기 때문에 태어난 후 곧 죽어 갔다. 설사 살아남는다 하더라도 몇 년을 버티지 못하였다.

농민 이익 위해 내 몫 다소 포기할 줄 알아야

세 번째 부족은 서로 협동하면서 일하는 것을 좋아하는 성격을 가졌다. 부족인들이 집단을 이루어 사냥을 하였다. 몇몇은 사냥감을 몰고, 다른 이들은 쉽게 사냥감을 포획할 수 있었다.

다른 이들은 따뜻하고 편안한 옷과 담요를 만들어 음식과 교환하였다. 어떤 이는 활을 잘 만들었고, 어떤 이는 화살을 잘 만들었다. 이들은 부족인들에게 활과 화살을 공급하였다. 모든 부족인들이 부족의 생존에 어떤 방법으로든 일익을 담당하였다.

그들은 서로 도우면서 생활하였기 때문에 매우 서로 인정해 주고 친하게 지냈으며 많은 잔치도 벌이고 매우 즐겁게 생활하였다. 이들은 일을 하고 여가를 즐기는 데 필요한 의사소통방법, 맛있는 과일들을 즐기는 방법, 그들의 독특한 인성을 개발하는 방법 등을 발달시켰다. 이 부족은 살아남아 번영하였고 우리의 조상이 되었다.(정문성, 『협동학습의 필요성』 중에서)

이 이야기는 이 시대를 살아가는 사람들에게 '협동'이라는 단어가 얼마나 중요한지를 깨우쳐 주는 교훈적인 예화이다.

사람은 태어나서 단 한 시간도 다른 사람의 도움 없이는 살아날 수가 없다. 특히 지구촌은 지난 40여 년 동안 교통과 통신의 눈부신 발달로 인한 기술적 상호의존, 국제무역 증대로 인한 경제적 상호의존, 환경파괴로 인한 지구 생태적 보존을 위한 상호의존, 인류평화를 위한 정치적 상호의존 등 모든 측면에서 그 어느 때보다 협동이 중요해진 시대에 살고 있다. 이제 협동은 선택이 아니라 피할 수 없는 명령이다.

다만 간과해서는 안 될 것이 대(大)를 위해 소(小)를 희생하는 일이다. 단지 작다는 이유만으로 큰 집단을 위해서 항상 희생해야만 하는 것일까. 그렇다면 내가 속한 작은 집단이 희생을 감수한 다음에 얻을 수 있는 것은 무엇일까. 모두가 협동을 해서 파이를 키우면 언젠가는 그 혜택을 골고루 받을 날은 분명 올 것이다.

하지만 개인의 입장에서 보면, 협동에는 늘 대가가 따른다. 나의 이익을 다소간 혹은 많이 포기해야 하는 일이 벌어지는 것이다. 전체를 위해 협동을 할 것인가. 아니면 내 몫을 먼저 챙길 것인가. 이것이 여전히 딜레마다.

아무튼 협동의 이유를 명쾌히 풀어낼 수는 없지만, 작금의 농촌 상황은 반전되어야 한다. 우리 국민 모두가 농민과 함께 걸어야 한다. 지금 요구되는 일은 분열이 아니라 협동이며 서로 자신감을 북돋고 격려하는 일이 급선무다.

당장 식량주권과 생명산업을 한꺼번에 잃을 수 있는 우리 농촌의 어려움을 극복하기 위해 다함께 동참해야 한다. 이것이 이타적인 협동이다.

(2005. 12)

우리 농촌 '마파도'는 닮지 마라

영화 <마파도>는 현대사회의 부정적인 일면을 풍자한 것이다. 한 조직의 우두머리였던 신 사장이 다방 여종업원 장미에게 복권 심부름을 시킨다. 놀랍게도 그 복권이 당첨되자, 장미는 160억 원의 복권을 가지고 사라지게 된다.

영화 <마파도>의 한 장면

그 사실을 알게 된 신 사장은 장미를 잡기 위해 부도덕한 형사에게 20억 원을 걸고 잡아 달라고 부탁을 하고, 그 옆에 재철이라는 신 사장의 부하를 붙이게 된다.

수소문 끝에 형사와 재철이는 장미의 본명이 장끝순이라는 것과, 그녀의 고향이 대한민국 끝자락에 있는 마파도 섬이란 사실을 알게 된다. 둘은 결국 마파도까지 가게 되고 2주일이라는 기간 동안 마파도에 살고 있는 할머니 5명과 함께 보낸다.

2주일이라는 기간이 흐른 뒤 끝순이가 이 섬에 없다는 것을 알게 된 그들은 마파도를 막 떠나려 하는데 그때 끝순이가 나타남으로써

극적인 상황이 전개된다. 하지만 끝순이는 이미 복권을 잃어버린 상태였다.

화가 난 신 사장은 결국 끝순이를 죽이려 할 때쯤 마파도의 회장은 160억 원 이상의 가치가 있는 곳으로 데려간다. 그곳은 엄청난 양의 대마초가 자라고 있었고, 신 사장이 모두 감금시키려 하자 그때 형사가 나타나고 영화에서는 처음으로 형사다운 역할을 하게 되면서 영화는 막을 내린다.(<마파도> 중에서)

노인만 남은 오늘날 우리 농어촌의 극단적인 현실

이 스토리 자체는 코믹하지만 오늘날 농어촌의 극단적인 현실을 극명하게 보여 주는 일면 같기도 하다. 섬에는 5명의 할머니만 남겨두고 젊은이들은 모두 도회지로 빠져나가고 없다. 어찌 보면 당연할지도 모른다. 적어도 그 젊은이들의 시각으로 보자면, 자신의 꿈을 이루기에는 섬이 너무나도 작은 무대였을지도 모른다.

이처럼 농어촌은 갈수록 낙후되고 젊은이들은 점점 줄어들고 있다. 설상가상으로 IMF 한파가 우리나라를 강타한 지 10년도 채 되지 않았는데 더 무서운 태풍이 다시 우리 농촌을 강타하고 있다.

자유무역협정과 도하개발어젠다 농업협상에 따른 우리 농산물의 상대적인 불리성 등으로 인해 농업인들은 과거 어느 때보다 큰 어려움에 직면해 있다.

급기야 최근 쌀 관세화 유예협상 국회비준안 처리와 관련 농민단체들은 투쟁의 강도를 높이고 있다. 더욱이 우리나라는 수출이 국내 총생산의 70% 이상을 차지하는 무역국가이다 보니 시장개방은 거스를 수 없는 대세이다.

농어촌은 생태계 유지와 같은 공익적 가치는 물론, 자연의 짝꿍들이 모인
자원의 곳간이자, 우리 세대는 물론 후손들의 생존을 위한 담보물이며,
우리 국민 모두의 공적 자산이다.

하지만 마파도와 같은 섬 또한 대한민국의 땅이자 한국인이 당당하
게 살아야 할 땅이다. 이 섬에서 노인들 5명이 살기엔 너무나도 벅차
고 힘든 곳일지도 모른다. 아마 마파도의 감독은 마파도를 웃음으로
승화시키기 전에 영화를 보는 모든 관객에게 국가의 섬에 대한 소홀
함을 느끼게 해 주고 싶지 않았을까 하는 생각도 들게 된다.

경제적 잣대로만 가늠할 수 없는 국민 모두의 자산

우리나라 농어촌이 마파도처럼 되지 말란 법은 없다. 마파도는 단
지 대한민국의 암울한 섬을 대표하는 가상의 섬일 뿐이다. 하지만 우
리 국민 모두에게 농어촌 사회에 대한 책임, 관심과 배려 그리고 사

랑을 촉구하는 메시지가 담겨져 있다.

우리 경제는 단순 비교우위론적 잣대만으로 가늠할 수 없는 부분이 있다. 농어촌은 생태계 유지와 같은 공익적 가치는 물론, 자연의 짝꿍들이 모인 자원의 곳간이자, 우리 세대는 물론 후손들의 생존을 위한 담보물이며, 우리 국민 모두의 공적 자산이다.

나아가서 우리나라 경제성장의 기본적인 토대를 제공할 뿐만 아니라, 국민정서 함양에도 절대적인 영향을 미치고 있다.

우리 사회가 황금만능주의, 무정함, 이기주의만을 추구하다 보면, 마파도처럼 암울함과 불행만을 자초할 수밖에 없다. 당장 마파도를 통해 현대사회의 병폐를 읽어내야 한다.

요즘 '사회에 대한 책임'을 강조하는 스티븐 코비의 『성공하는 사람들의 8번째 습관』이 인기다. 이 책에서는 개인이 단지 경제적 성공이나 사회적으로 인정받는 것으로 끝나서는 안 된다는 것이다. 자아를 실현하고, 원만한 인간관계를 유지하며, 일에서 성공하고 나아가 사회에 기여하는 조화롭고 균형 잡힌 삶만이 진정한 성공이라는 것이다. 한마디로 개인만의 성공 차원을 넘어 '사회에 대한 책임'을 중시하고 있다.

사회에 대한 책임을 실천하는 대표적인 사례 중의 하나가 '1사1촌 운동' 추진이다. 그 결과 도시와 농어촌 사이에 사회에 대한 책임으로 상생의 섬이 만들어지고 있다. 마파도를 닮지 않는 상생의 섬에서 사랑과 나눔의 손길로 농촌에 희망을 되찾아 주자.

(2005. 12)

[푸른 촌(村)만들기 전략 21]

농가소득 안전망대책 절실

도심지에는 호두까기 인형과 같은 문화공연과 뮤지컬, 크리스마스 캐롤 등이 성탄절을 수놓고 있지만, 동해안 지역은 때 아닌 가뭄으로 인해 농작물이 말라 죽어 가고 있고, 남부지역은 눈 폭탄을 맞은 농작물들이 누운 풀처럼 엎드려 있다.

눈 폭탄 맞은 설악산의 모습

특히 이번에 호남지방에 내린 눈은 이 지역 기상관측이 시작된 이래 최대의 폭설로 기록됐다. 눈 속에 파묻힌 농작물과 무너져 내린 비닐하우스를 망연자실 바라볼 수밖에 없는 농민들 입장에서는 억장이 무너질 일이 아닐 수 없다.

자연의 섭리를 누가 거스를 수 있겠는가마는 농업을 천직으로 삼고 농촌지역에 사는 사람들이야말로 단지 그곳에 살았기에 지금 피해를 보고 있다. 경우에 따라서는 삶의 의욕마저 완전히 잃어버린 사람도 있을 것이다.

누굴 원망해야 할까? 망막하기만 하다. 정부는 농가 폭설 피해와 관련해 농업재해보험을 확대하는 방향에서 제도적으로 재검토해 보겠다고 밝히고 있다.

또한 앞으로 기상이변으로 인한 재해 등으로 일시적 경영위기에 놓인 농가 스스로 사전에 대비하고 사후적으로도 극복할 수 있도록 경영위험관리제도를 강화하는 한편 재해보험을 과수 중심 6개 품목에서 벼, 시설채소 등 30개 품목으로 확대하고, 재해보험의 조기 정착을 위해 국가재보험제 도입을 검토하고 있다고 한다.

하지만 농업재해보험은 재해율 등 통계가 잘 안 나오고 기존 제도로 하면 농가의 보험료 부담이 큰 까닭으로 현실성이 떨어지게 되는 바 농가에서 실질적으로 보험에 가입할 수 있는 수준으로 정부의 보험료 추가 부담을 필요로 하고 있다.

캐나다 농민 소득의 70% 직접지불방식 수혜

아울러 보다 근본적이고 다양한 농가소득안정망 대책이 요구된다. 예컨대 캐나다의 경우 농가 소득안전망 정책 일환으로 NISA(Net Income Stabilization Account-순소득 안정화 계정) 프로그램을 운용하고 있다.

이는 농업 직접지불제의 한 종류로 가격과 생산에 관련한 직불제가 아니라 농민의 소득을 보전해 주기 위한 방편으로 사용되고 있다. 생산자, 연방 정부, 주 정부 3자가 공동으로 기금을 조성한 후 농가 농가소득이 평년보다 낮을 경우 이를 보전해 주는 제도이다.

대상 농민은 정부에 소득신고를 한 자로서 연간 농산물 순판매액이 25만 달러(원화 1억 6000만 원 상당) 이하인 자이며, 현재 전체 농가의 80% 이상이 참여하고 있다. 대상 품목은 낙농제품, 양계를 제외한 모든 농축산물을 포괄하고 있다.

항상 다니던 논둑길이 사라졌습니다.

직접지불제 확대·농업보험 실시 서둘러야

이에 따라 캐나다 농민들은 현재 농가소득의 70% 정도를 직접지불 방식으로 수혜를 받고 있다.

한편 기상이변으로 몸살을 앓고 있는 유럽연합도 지난해 3월 말

새로운 농가소득 보전방안을 입법예고한 바 있다. 이 법안의 주요 내
용 중 하나는 역내 농업인들이 자연재해·기상이변 등으로 소득이
감소할 경우 일정부분을 보전해 줄 수 있도록 한 것으로, 농가가 농
업재해보험에 가입할 경우 보험료의 절반까지 지원해 주게 된다. 따
라서 앞으로 이상기후로 인한 피해 일부는 농업보험으로 충당될 것
으로 전망된다.

이처럼 선진국은 UR 이후 가격지지 정책의 제약으로 농가소득이
감소됨에 따라 이를 보완하기 위한 차원에서 자국의 실정에 적합한
각종 농업보호 정책을 시행하고 있다. 특히 최근에는 다양한 직접지
불제를 통해 농가소득 안정을 도모하고 있다.

우리나라의 경우 농업은 총노동인구의 10%를 맡고 있는 고용산업
이며, 국민에게 식량을 안정적으로 공급하는 생명산업이자 국가 기간
산업으로서 다양한 역할을 수행하고 있다. 특히 쌀농사의 공익적 기
능은 돈으로 환산할 수 없을 정도다.

하지만 농산물 가격지지 정책의 제약으로 인해 농업인의 영농의욕
저하가 심히 우려되고 있다. 따라서 선진국과 같이 다수의 농민을 대
상으로 하는 다양한 직접지불제의 확대 및 농가현실에 맞는 농업보험
제도 시행이 시급한 실정이다.

(2005. 12)

농촌 활성화 위한 어메니티 정책의 확산

『물명고』란 책을 보면 우리 개를 삽살개, 바독개, 더펄개, 발발이로 구분하고 있다. 그중 우리나라의 토종개는 보통 삽살개와 진돗개로 대표된다.

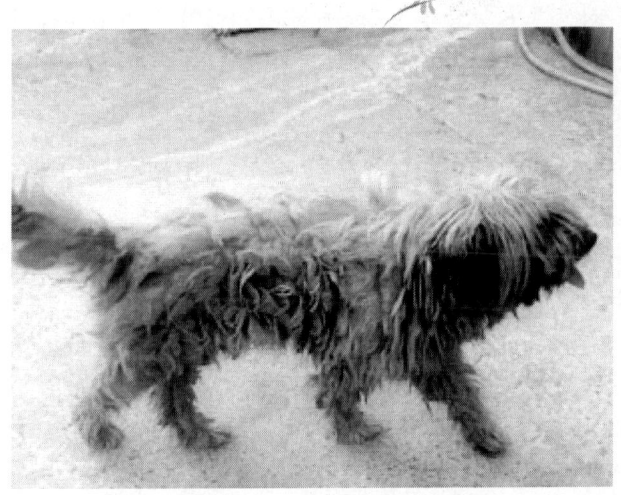

독도를 지키는 우리의 삽살개

특히 삽살개는 우리 조상들의 삶의 애환을 함께 해온 개다. "한 번 정 준 주인을 잊지 못하여 해질녘이면 동구 밖에 나가서 옛 주인을 기다린다" 는 삽살개는 예로부터 의리와 충정의 대명사였다.

또 삽살개는 예로부터 귀신을 쫓는 개로 알려져 있었다. 없앤다, 쫓는다는 뜻의 '삽' 자에 귀신, 액운을 뜻하는 '살'의 삽살개이니, 이름 자체가 귀신 쫓는 개라는 뜻이다. 조상들은 삽살개를 둠으로써 안정을 찾을 수 있다고 믿었다.

왕이나 지체 높은 양반들의 넓은 집 마당에는 어김없이 삽살개를 길렀으며, 땅의 넓이에 비해 사람이 적은 집, 땅의 기운이 너무 세어 그 기운을 누를 필요가 있다고 느꼈던 사람들은 거처 가까이에 삽살개를 두었다.

이에 관한 믿음은 민화에서도 찾아볼 수 있다. 액을 막기 위해 집 대문에 붙였던 문배도(門背圖)에 삽살개를 그려 넣음으로써 삽살개의 그림만으로도 액을 막을 수 있다고 믿었다.

이처럼 삽살개가 등장하는 옛이야기나 글들이 우리 주위에 많은 이유는 그만큼 우리 선조들의 정감에 깊이 연루되어 있으며 농산촌의 정서에 딱 들어맞았기 때문이리라. 시인 노천명의 시구 속에 삽살개를 자주 등장시킨 것을 보면 더욱 정감이 간다.

> 어느 조그만 산골로 들어가
> 나는 이름 없는 여인이 되고 싶고
> 초가지붕에 박 넝쿨 올리고
> 삼밭엔 오이랑 호박을 놓고 들장미로 울타리를 엮어
> 마당엔 하늘을 욕심껏 들여놓고
> 밤이면 실컷 별을 안고
> 삽살개는 달을 짓고
> 나는 여왕보다 더 행복하겠소.
> 나귀 방울에 지껄이는 소리가 고개를 넘어 가까워지면
> 예쁜이보다 삽살개가 먼저 마중을 나갔다.(노천명 시인의 「삽살개」 중에서)

"끊임없이 이동하는 자만이 살아남을 것이다"

한편 몽골 수도 울란바토르 근교에 돌궐제국을 이끈 명장 톤유쿠크 장군의 비문이 있다. "성을 쌓고 사는 자는 반드시 망할 것이나, 끊임없이 이동하는 자는 살아남을 것이다."

백수의 왕 사자는 배만 부르면 그만이다. 먹는 것이 충족되면 이내 움직임을 중단한다. 그런데 사자는 지금 어디에서 볼 수 있는가. 동물원에서만 볼 수 있다. 그러나 삽살개는 자의든 타의든 끊임없이 생존을 위해 움직인다. 그리하여 우리와 생활 속에 늘 함께하고 있다.

그런 맥락에서 농촌으로 눈을 돌려 보자. 최근 우리 농촌도 생존을 위한 움직임이 활발하다. 예컨대 농촌의 새 활력을 되찾기 위한 하나의 대안으로서 어메니티 정책이 각광을 받고 있다.

농촌 어메니티 정책은 농업의 다면적인 기능과 농촌공간이 고유하게 보유하고 있는 농촌성을 살리는 방향에서 농촌의 총체적인 어메니티 자원에 대한 재발견과 활용을 통해서 농촌의 활성화와 발전을 모색하는 정책이다.

이러한 흐름은 비단 우리나라만의 방향전환이 아니다. 일본, 유럽 등 여러 나라의 공통적인 현상으로서 농업의 한계를 극복하고 농촌의 활성화를 도모할 수 있는 발전적 대안의 하나로서 시행되고 있기 때문에, 이후로도 지속되고 확산될 가능성이 매우 높다. 농촌정비에 있어서 새로운 패러다임으로서 자리매김할 것으로 여겨진다.

이러한 농촌 활성화를 위한 어메니티정책의 정착과 확산은 그것을 뒷받침할 수 있는 제도적인 장치와 불가분의 관계에 있다. 농촌공간에 있어서 어메니티 자원을 발굴하고 재평가하여 계획의 수립과 정비를 유도할 수 있는 제도적인 장치가 마련될 때만이 현재 정부가 추진하고자 하는 새로운 농촌정비 정책이 보다 효과적으로 수행할 수 있을 것으로 생각된다.

자랑스런 우리 농촌의 삽살개

2006년은 병술년이다. 개는 모든 동물을 통틀어 인간과 가장 오랫동안 함께 살아온 동물이다. 동서고금 가릴 것 없이 옛이야기나 속담, 신앙, 미술 등에서도 개 이야기가 가장 많이 등장한다. 오랜 세월 함께하면서 인간의 일상 생활문화에서 없어서는 안 될 배경처럼 존재해 온 것이다.

무엇보다 개는 충성과 의리의 충복, 안내자, 지킴이, 인간의 동반자 등의 긍정적인 요소가 강하다. 이제 새해가 밝았다. 개띠 해인 2006년에는 삽살개의 덕목을 교훈삼아 농촌 지킴이, 농촌관광의 안내자, 농촌사랑운동 확대를 통해 농업인과의 동반자로서 1사1촌 운동을 넘어 1사 1명소 가꾸기를 전개해 보면 어떨까.

(2006. 1)

영세고령농가 사회안전망 확충 급하다

정부는 농업경쟁력 강화를 위해 산업으로서의 농업은 시장중심으로 효율성을 높여 나가되, 농업인에 대해서는 사회보장 지원을 확충해 나가는 방향으로 가닥을 잡고 있다.

특히 쌀 산업의 경쟁력 제고의 일환으로 전업농이 영농규모를 확대할 수 있도록 영세 고령농가의 탈농 유도정책을 추진하고 있다. 하지만 영세 고령농가가 안심하고 은퇴할 수 있는 여건이 세내로 조성되지 않은 상황에서 구조조정이 추진될 경우 영세 고령농가뿐만 아니라 국가경제에도 큰 부담이 될 수 있다.

아울러 단기간에 인위적인 구조조정을 하는 것은 그리 쉽지 않다. 왜냐 하면 우리의 농업여건이 대규모 영농중심의 곡물 농업에 적합하지 않고, 농촌 인구의 대부분이 고령화되어 효율적인 구조조정을 추진하는 데 많은 어려움이 있기 때문이다.

정부, 영세고령농 탈농보상 유도정책 추진

따라서 은퇴를 원하는 고령농에 대해서는 그에 상응하는 충분한 소득보전 마련과 별도의 은퇴지원제도를 확실하게 강구해 줌으로써 구조조정이 자연스럽게 진행될 수 있도록 추진돼야 한다.

쌀 농가, 안심하고 농사지을 수 있도록 소득안전망 확충을……

하지만 생계유지를 위해 불가피하게 영농을 계속할 수밖에 없는 고령농가에 대해서는 농가의 불안 심리를 최소화시키면서 안심하고 살아갈 수 있도록 사회안전망을 확충해 주는 것이 바람직하다.

이를 위해서는 우선 고령 농업인이 농업경영을 이양하고 은퇴하더라도 노후생활에 지장이 없도록 경영이양 직접지불제의 보조금 지급수준을 현실화해야 하며, 시장개방의 영향 등으로 영세고령농이 농사를 그만둘 경우 경영이양 여부에 상관없이 일정기간 소득보조금을 지원하는 탈농보상 직접지불제 도입이 필요하다.

또한 국민기초생활보장제도 수급대상자 선정기준을 농업·농촌의 실정에 맞게 개선하여 고령농업인의 생활안정을 꾀하고, 수급대상자에서 제외된 빈곤층 혹은 차상위 계층에 대해서도 수급자와 형평을 이루도록 일정액의 식품비 및 의료급여 등을 지급해야 한다.

그리고 농촌 고령층의 실질적인 노후대책을 마련하기 위해서는 농어민연금(국민연금)제도가 제 기능을 발휘할 수 있도록 저소득 고령계층을 위한 경로연금을 확충해야 할 것이다.

대만은 농산물대상 수입피해구제제도 운영

대만의 경우 '농산물 수입피해구조제도'는 세이프가드(특정상품의 수입급증으로부터 국내 산업을 보호하기 위해서 취하는 긴급수입제한조치)제도와는 달리 농업분야만을 대상으로 한 독자적인 수입피해구제제도를 활용하고 있다.

이 제도는 농산물 시장개방에 신축적으로 대응하여 수입으로 인한 농업분야의 피해를 신속하게 구제하고 농가의 구조조정을 효율적으로 지원하는 효과를 가지고 있다.

예컨대 농업위원회(農委會)는 농산물 피해구제의 전 과정은 물론 사후적인 피해구제에 이르기까지 전담하고 있다. 이처럼 농업위원회가 주도적으로 피해구제를 수행함에 따라 신속하고 실질적인 피해구제가 가능하고, 피해정도에 따라 그에 합당한 지원을 실시함으로써 농가에게 실질적인 도움을 주고 있다.

또한 효율적인 농가피해구제와 구조조정 지원을 위해 '농산물 수입피해구제 지금'을 조성, 운영하고 있다. 이 기금은 70%가 정부예산으로 조달되고, 국채발행 상한규정의 예외를 두어 국채발행을 통한 기금조달이 가능하게 하는 등 기금조달의 안정성을 높이고 있으며, 허용보조로 분류되어 향후 피해 확대 시 기금규모를 탄력적으로 확대할 수 있게 되어 있다.

농업인들의 미래불안감과 피해의식 최소화해야

우리나라의 경우, 최근의 상황에서는 대만에서 시행하고 있는 '여량수매제도'와 같은 수입피해구제제도의 도입을 적극 검토할 필요가 있다. 왜냐 하면 이 제도는 쌀 생산농가의 심리적인 안정감은 물론 재정 부담으로 신속한 쌀값 안정을 가져오는 효과가 있기 때문이다.

따라서 농산물 시장개방 확대로 인한 국내 피해를 총체적으로 구제하고, 피해구제기금의 조성과 지원에 있어서 농업부문이 재량권을 가지며, 사전 구조조정 지원을 통한 농가의 경쟁력을 제고할 수 있는 중장기적 농산물 수입피해구제 제도의 마련이 필요하다.

이러한 차원에서 대만의 '농산물 수입피해구제제도'와 '농산물 수입피해구제기금'을 통한 피해구제지원은 시사하는 바가 크다.

아울러 정부의 영세 고령농가의 탈농 유도정책 추진으로 인한 농업인들의 미래에 대한 불안감과 피해의식이 최소화될 수 있도록 현실적인 사회안전망시스템을 마련하는 것도 급선무다.

(2006. 1)

허용보조, 지역농업실정 반영에 초점 둬야

농업허용보조(Green Box)활용 정책

'감축대상 농업보조'(Amber Box)란 WTO 농업협정상의 농업보조금 분류방식으로 허용보조금을 제외한 모든 보조금을 총칭하는 것을 말한다. WTO 농업협상 이행 기간 내에 일정목표수준을 감축하도록 되어 있다. 여기서 허용대상 농업보조(Green Box)는 농업보조 중 감축대상에서 제외되는 보조금이다.

선진국의 경우 허용대상 농업보조 정책을 최대로 활용하기 위한 다양한 전략과 전술을 꾀하고 있다. 우리나라도 예외는 아니지만, 우리의 경우 한국 농업구조의 특성상 농업허용보조 정책을 활용, 추진하는 데 있어 선진국에 비해 상대적으로 어려움이 많다.

돌이켜 보면 과거에 농촌 해체를 통해 도시가 급성장한 것은 분명하지만 도시의 중요성이 커져 가는 21세기인 만큼 농촌의 존재는 갈수록 멀어져만 가고 있다. 특히 농산물 수입증가와 가격하락, 수급불안, 소득전망 불투명, 작물선택의 어려움과 수지맞는 농업에 대한 회의 등, 수입개방확대에 따른 농업소득의 정체와 불안정 속에 농정의 판도가 달라지고 있다.

'늙은 봉우리'라는 뜻의 '마추픽추'는 잉카문명의 최후 유적지다. 미래
한국농촌을 역사 속으로 사라지게 만들어서는 안 된다.

예컨대 과거 농업 살리기라는 산업적인 측면에서 이제는 농촌 살리
기라는 공간적인 측면으로 점차 무게가 실리고 있고, 기존 농업정책
위주에서 소득정책·농촌정책을 아우르는 방향으로 정책의 외연을 넓
혀 가고 있다.

프랑스의 경우 CTE(Contract Territorial d'exploitation)제도라는 게
있다. CTE제도는 1999년 7월에 제정된 프랑스 '신농업기본법'에 의
하여 창설되었으며 다원적 기능, 지속적 발전, 국토정비를 농정의 기
본이념으로 삼고 있다.

특히 CTE제도는 WTO 체제에 대응하여 감축대상 보조정책을 허용
보조정책(Green Box)으로 전환해 나가는 프랑스 농정대책의 일환으로
신농업기본법의 정신을 구현하는 정책수단이 되고 있다.

이 제도의 가장 큰 특징은 첫째, 국가지원 대상을 농업경영에 관련
되는 '경제·고용', 농업의 다원적 기능에 대한 '환경·국토' 등 2개
부문으로 나누고 각 부문의 다양한 공익적 활동에 대한 가치를 인정
하고 이에 대한 보상을 실시한다는 점이다.

'경제·고용' 부문에서는 고용 및 노동력 유지, 품질 제고와 안전한
농산물 생산, 동물복지 증진 등에 필요한 투자를 지원한다.

'환경·국토' 부문에서는 수자원보전, 토양오염방지, 공기 청정화, 생물의 다양성 유지, 경관 및 문화자산 보존, 자연적 위험관리 등 농업의 다원적 기능 증진 활동에 대해 지원한다.

그리하여 다양한 보조금을 하나의 틀로 묶고, 계약제도를 통하여 보조금 지급에 대한 정당성을 명확히 함으로써 사업추진에 대한 국민적 합의도출을 용이하게 한다.

둘째, 사업 추진계획을 중앙정부가 획일적으로 결정하는 것이 아니라 지자체(도 단위)가 지역여건에 맞추어 여러 가지 시책을 설계하고, 농가는 자신의 입장에서 실천하기 쉬운 시책을 선택함으로써 지역농정을 활성화한다.

셋째, 국가와 개별 경영체 간에 계약제도를 도입함으로써 농가의 준수의무를 강화하는 한편 정부지원을 받을 수 있는 정당한 권리도 확보한다.

따라서 우리나라도 프랑스의 CTE 사례를 적극 참고하여 지역여건과 개별농가의 특성에 따라 나양한 형태의 정부지원이 가능한 종합적인 직접지불제도를 도입함으로써 도하개발아젠다(DDA) 차기 WTO 협상 이후를 대비하고 농업·농촌의 활성화를 도모해야 한다.

특히 정부가 이미 도입하였거나 도입 검토 중인 다양한 직불제의 경우 중앙 정부의 획일적인 추진방식을 지양하고 CTE제도처럼 지역농업 실정이 직접 반영되어야 한다. 그래야만 농촌이 살고 도시가 산다.

오늘의 농촌과 도시는 입술과 이의 관계다. 입술이 사라지면 이가 시린 것은 당연하다. 농촌이 해체되면 도시에는 교통 환경 문제를 비롯한 수많은 문제가 발생될 것이다. 아울러 최근에 급증하고 있는 도시민의 현대병은 농업 해체를 통해 더욱 가속화될 것이고, 주기적인 식량문제, 각종 농산물 파동도 피하기 어렵게 될 것이다.

그런 의미에서 프랑스 농업정책은 우리에게 산 교훈을 주고 있다.

(2006. 1)

8거리로 농촌을 살리자

마을 단위의 그린투어를 실천하기 위한 8거리는 2000년도 유상오 박사가 제안한 마을디자인으로 지역을 활성화시키기 위한 8가지 자원을 말한다.

즉 먹거리, 볼거리, 쉴거리, 알거리, 할거리, 놀거리, 일거리, 살거리가 그것이다.

우리나라는 그동안 경제발전 과정에서 산업화·도시화에 따른 이농현상의 심화로 농촌 인구가 급격히 감소했다. 이에 따라 농촌지역은 인구의 고령화·부녀화와 청·장년층의 감소 등 복합적인 요인에 의해 휴경지 및 폐경지가 증가하게 되는 등 농촌지역은 사회·경제적 활력을 상실해 가고 있다.

반면 국민소득 증가 및 삶의 질 향상 욕구 증대로 산업화와 도시화로 인한 도시민의 자연에 대한 관광욕구가 크게 증가하고 농촌관광에 대한 관심이 날로 높아지고 있다. 그리하여 농촌관광 사업은 도·농 통합에 따른 지역균형개발과 지방재정 확충 방안으로서 그 중요성이 날로 부각되고 있는 실정이다.

농촌관광 사업은 도 · 농 통합에 따른 지역균형개발과
지방재정 확충 방안으로서 그 중요성이 날로 부각되고 있다.

농업인의 8자(八字), 8거리에 달렸다

이를테면 산업화 시대에 외면받았던 농촌이 여가시대를 맞아 새롭
게 그 가치를 인정받고 있는 것이다. 특히 환경, 생명, 다양성을 중시
하는 사회적 가치변화로 농업 · 농촌에 대한 사회적 요구가 크게 변하
였다.

그리하여 농업생산도 다품목 소량생산 체제나 친환경적인 영농으로
농산물에 대한 안전성 보장이 요구되며 농촌의 자연생태계를 보전하
는 개발방식이 주목받고 있다.

이러한 가치변화와 요구에 부응하여 현재의 어려운 상황을 극복하기
위한 여러 가지 방안이 논의되고 있다. 이 가운데 농촌지역의 아름다
운 경관, 문화자원을 활용한 관광사업은 새로운 가능성을 제시한다.

도시민들은 교육 및 소득수준이 향상되고 여가시간이 증가하면서
기존의 관광지에서 벗어나 농촌지역에서 휴가를 즐기는 데 관심을 보

이고 있다. 예컨대 사회가 점점 복잡해지고, 일초에 민감한 시간적 압박 속에 사는 현대인들은 도심 속의 바쁜 생활에서 벗어난 유토피아를 꿈꾸게 된다.

앞으로 사회 구성원들이 얼마나 많은 여가시간을 갖고 여유를 즐기느냐 하는 것은 한 사회의 '삶의 질'을 가늠하는 지표가 되고 있다. 특히 주5일 근무제가 정착됨에 따라 여가시간의 증대로 향후 그린투어리즘은 새로운 전기를 맞을 전망이다.

여기서 '그린'은 단순히 자연의 '녹음'이라는 이미지의 색이 아니라 물과 녹음으로 지칭되는 '생명'의 가치를 강조한다. 도시인들이 일상에서 벗어나 농촌지역에서 레저 및 레크리에이션을 즐긴다는 것은 일상생활을 충실히 이행하면서 삶의 질을 향상시키려는 환경 중심적 시대의 가치관이라 할 수 있다.

8거리 테마의 디자인 여부가 지역 농민 운명 좌우

따라서 그린투어리즘은 생명의 연속선상의 레저로 농촌생활을 통해 생명을 새로이 소생시키고 인생의 폭을 넓히려는 생산적인 여가라고 할 수 있다. 자유 시간을 이용하여 마음의 욕구를 충족시키는 데 있어 자신의 생명력을 발휘하고 잃어버린 토지와 생명활동을 되찾으며 건전한 생활을 영위하는 생산적인 것이라 할 수 있다.

하지만 그동안 농외 소득증대 차원에서 추진해 온 우리 관광농업은 경영능력 부족과 과다한 시설투자로 운영이 부실하고, 개별사업자 중심의 지원으로 지역과 연계되지 못하였다. 무엇보다 주요 고객층인 도시민의 요구가 반영된 농촌관광 자원을 활용할 수 있는 프로그램개발이 미흡하다는 것이 큰 문제다.

이제 농촌의 다양한 자연경관과 생태, 문화자원 등에서 차별화된

가치와 가능성을 발굴하여 도시와 농촌이 교류함으로써 농촌 활성화를 도모하는 새로운 농촌관광 전략이 요구된다.

'자연환경＋농특산물＋전통문화'를 토대로 8거리 자원을 개발하는 것이 도시와 교류하는 농촌 활성화 전략이 필요하다.

개별농가 중심, 숙박중심의 관광에서 탈피하여 '자연환경＋농특산물＋전통문화'를 토대로 먹거리＋볼거리＋쉴거리＋알거리＋할거리＋놀거리＋일거리＋살거리 등 8거리 자원을 개발하는 것이 도시와 교류하는 농촌 활성화 전략이다.

이로서 오늘날 당면한 도시민의 여가욕구 충족, 농외소득 증대, 국토의 균형개발, 환경보전 등 다면적인 목표를 달성할 수 있을 것이다.

따라서 8거리 테마의 디자인 여부가 앞으로 지역농민들의 운명을 좌우할 것이다.

(2006. 2)

우리 농업 유지·발전대책 선행돼야

우리나라는 미국과 가급적 조기에 FTA 협상 개시를 선언하기 위해 적극 노력하고 있다.

최근 분석자료에 의하면, 미국과의 FTA 체결 시 장기적으로 국민소득 13조 9000억 원, 대미교역량 193억 달러 증가와 10만4000개의 일자리가 창출될 것이라고 전망하고 있다. 특히 제조업의 경우 대미 수출이 44억 달러 증가하고 일본산 부품·소재를 대체해 대일 의존적 생산구조를 극복하는 계기를 제공할 것이라고 한다.

반면에 세계 제1위의 농축산물 수출대국인 미국과의 FTA는 여타 FTA보다도 국내 농업에 심각한 피해를 줄 것으로 예상되므로 협상 개시 전에 설명회와 세미나 등을 열어 민감품목에 대한 농업계 의견을 충분하게 수렴하고 이를 토대로 협상 전략이 수립되어야 할 것이다.

한-미 교역동향 및 농업비교

먼저 교역동향을 보면, 미국은 중국에 이어 우리나라의 제2위 교역 대상국으로, 2004년 교역액은 716억 달러에 달한다. 우리나라는 2004년 미국과의 교역에서 141억 달러의 무역수지 흑자를 기록했다.

미국과의 FTA 협상은 국내 농업에 심각한 피해를 줄 것으로 예상, 협상 개시 전 농업계의 의견을 충분히 수렴하고 이를 토대로 협상 전략이 수립되어야 한다.

미국에 대한 수출액은 428억 달러로 우리나라 전체 수출액의 16.9%를 차지하여 대중국 수출액에 이어 제2위를 기록하였으며, 미국에 대한 주요 수출품목은 자동차, 플래쉬 메모리 등 전기·전자제품류, 액정모니터 등 기계류, 철강제품, 의류 등이다.

미국으로부터 수입액은 288억 달러로 전체 수입액의 12.8%를 차지하여 일본과 중국 다음의 제3위를 기록하였으며, 미국으로부터 주요 수입품목은 전기제품류, 기계류, 광학기기, 유기화학품, 농축산물 등이다.

미국과 전체 교역에서 무역수지 흑자를 기록하고 있는 데 반해, 농축산물은 무역수지 적자를 기록했다. 2004년 대미국 농축산물 수출액과 수입액은 각각 2억 7500만 달러와 25억 3400만 달러로 22억 5900만 달러의 무역수지 적자를 기록하였는데, 이는 농축산물의 전체 무역수지 적자 72억 7900만 달러 중 31.0%에 해당하는 규모로 미국과의 교역에서 가장 큰 적자를 기록한 셈이다.

2004년 우리나라 농축산물 수입액 중 미국산이 차지하는 비중은 27.5%로 수입대상국 중 가장 높고, 미국산 주요 수입품목은 쌀, 옥수수, 밀 등의 곡류와 대두, 감자, 토마토, 양파, 오렌지, 포도, 쇠고기, 치즈 등으로 모든 부류에 걸쳐 수입되고 있다.

2004년 우리나라 농축산물 수출액 중 대미국 비중은 14.3%에 그치고 있으며, 주요 수출품목은 로얄제리, 라면, 담배(권련), 배, 비스킷, 국수, 소주, 고추장 등으로, 배를 제외하면 가공제품이 대부분을 차지했다.

다음으로 한-미 간 농업을 비교해 보면, 우리나라와 미국의 농업수준을 비교한 결과, 미국의 농지면적은 우리의 217배에 이르며 미국의 농가 호당 농지면적도 우리의 119배에 달할 정도로 대규모 영농이다.

한-미 간 FTA에 쌀도 포함될 경우 우리 쌀의 가격경쟁력이
미국에 비해 낮을 수밖에 없다.

미국의 연간 농축산물 수출액은 2002년에 556억 달러로 세계 제1위이며, 이는 우리 농축산물 수출액의 33배에 달한다. 미국은 농축산물 교역에서 2002년에 106억 달러의 무역수지 흑자를 기록한 데 반해, 우리나라는 73억 달러의 무역수지 적자를 기록하였다.

생산량 측면에서 미국은 옥수수, 수수, 딸기, 쇠고기, 닭고기, 우유 등이 세계 생산량 제1위를 차지하는 등 일부 품목을 제외한 대부분 품목이 세계 10위권 이내의 생산량을 보이고 있다.

수출량 측면에서 미국은 밀, 옥수수, 수수, 고구마, 대두, 양배추, 시금치, 닭고기 등이 세계 수출량 제1위를 차지하는 등 일부 품목을 제외한 대부분의 품목이 세계 10위권 이내의 수출량을 보이고 있다.

자급률 측면에서 미국은 곡물류, 두류, 유지작물, 육류가 100% 이상을 나타내고 있으며 자급률 100% 미만인 서류, 채소류, 과실류 등 품목별로 세계 최대의 수출량을 보이고 있는 데 반해, 우리나라는 쌀, 양파 등을 제외한 대부분 품목의 자급률이 100% 미만이다.

한-미 FTA 체결 시 국내 농업부문의 영향

먼저 품목별 가격경쟁력 비교 및 관세철폐 시 수입전망은 미국과의 FTA 체결 시 미국산 농축산물에 대한 관세의 완전 철폐를 가정하여 주요 품목을 대상으로 지난 3개년(2002~2004년)의 국산 평균 도매가격과 미국산 평균 수입가격(CIF)을 비교한 결과 일부 품목을 제외한 대부분 품목에서 미국산의 가격이 국산에 비해 크게 낮은 것으로 나타났다.

이에 따라 식물검역 조건상 현재 국내 수입이 금지되어 있는 과채류와 과실류의 일부 품목(신선딸기, 신선사과, 신선배 등)과 미국의 수출여력이 크지 않은 품목 등을 제외한 대부분 품목이 관세철폐의 영향을 받을 것으로 예상된다.

곡물류 중 쌀의 경우 미국산 쌀의 수출가격을 토대로 산출한 2002~ 2004년의 평균 수입가격은 474원/kg으로 국산 도매가격 2109원/kg 의 22.5%에 불과하다. 쌀의 경우 현재 시장접근물량(MMA) 이내에서 수입되고 있으며, 현행의 다자협상 결과에 관계없이 한-미 간 FTA 에 쌀도 포함될 경우 우리 쌀의 가격경쟁력이 크게 낮아 미국 쌀의 국내 수입증가 가능성은 매우 높다.

축산물의 경우 미국산 냉장 쇠고기, 삼겹살, 닭고기의 수입가격은 국산 도매가격의 45.1%, 26.7%, 44.0% 수준에 불과하다. 미국산 쇠 고기는 광우병 발생의 영향으로 2003년 12월부터 수입이 금지되었으 나, 수입금지 이전에는 미국산이 수입쇠고기 중 제1위의 수입량을 차 지하고 있었기 때문에 향후 수입이 재개되고 40%의 관세가 철폐되는 경우 큰 폭의 수입 증가가 전망된다.

돼지고기 중 수입량이 많은 냉동 삼겹살의 경우 미국산 수입가격 (2830원/kg)이 벨기에, 칠레, 프랑스, 네덜란드 등 주요 수입대상국가 의 수입가격보다 낮아 미국산의 관세(25%)가 즉시 철폐되면 이들 국 가의 수입품을 대체하는 등 수입이 증가할 것으로 예상된다.

닭고기 중 수입량이 많은 냉동 닭고기의 경우는 미국산 수입가격 (951원/kg)이 태국, 덴마크 등 주요 수입대상국가로부터의 수입가격 보다 낮아 미국산의 관세(20%)가 철폐되면 이 또한 큰 폭으로 수입 이 증가할 것으로 예상된다.

다음으로 농업부문에 대한 한-미 FTA 예상효과를 알아보자. 쇠고기, 돼지고기, 닭고기 등 축산물의 생산액은 6.4% 감소하여 금액으로는 7835 억 원이 줄어들어 가장 큰 영향을 받고, 과실류, 채소류, 견과류는 4.0% 의 생산액이 감소하고 금액으로는 3628억 원이 줄어들 것으로 예상된다.

곡물류는 쌀을 관세철폐 품목에서 제외하고 곡물 관세를 50% 인하 하는 것으로 가정하여, 생산액이 23.4% 줄고 금액은 3545억 원 감소하고, 우유 및 낙농제품은 생산액이 2000억 원 정도 감소될 것으로 예상된다.

한-미 FTA 체결 시 생산액 감소 추정액 2조 원은 한-아세안 FTA 체결 시 생산액 감소 추정액 1170~1295억 원, 한-캐나다 FTA 체결 시 생산액 감소 추정액 648~1122억 원보다 피해규모가 클 것으로 판단된다.

Rogowsky(2004)의 한-미 자유무역협정의 경제적 효과에 대한 연구결과에 의하면, FTA 발효 4년 후 미국으로부터의 농축산물 수입액이 104억 달러(약 10조 4000억 원) 증가하는 것으로 나타났다.

부류별로 미국산의 수입 증가액은 쌀 50만 달러 미만(증가율 1026.93%), 육류 7억 1600만 달러(120.70%), 과일류 및 채소류 6900만 달러(108.73%), 낙농제품 2억 700만 달러(954.62%) 등이다.

이에 따라, 한-미 FTA 발효 4년 후 우리나라의 농축산물 생산액이 약 88억 달러(약 8조8000억 원) 이상 감소하는 것으로 추정되며, 부류별 생산 감소액을 살펴보면, 쌀이 3억 달러(변화율 -0.82%), 육류가 2400만 달러(-2.97%), 과일 및 채소류가 1억 3600만 달러(-0.78%), 낙농제품이 1억 3700만 달러(-2.32%) 등이다.

이와 같이 한-미 양국의 농업수준, 가격경쟁력 비교를 통한 미국산 농산물의 수입증가 가능성, 한-미 FTA가 우리 농업 생산에 미치는 영향 등을 살펴본 결과 세계 제1위의 농산물 수출대국인 미국과 FTA를 체결할 경우 우리 농업부문의 피해 수준은 생각보다 클 것이다.

따라서 한-미 FTA가 우리 농업부문에 미칠 장기적·동태적 영향에 대해 품목별 차별화된 전략(양허 제외, 수입 쿼터 설정, 장기간 이행기간 확보 등)과 큰 피해가 예상되는 분야에 대해서는 피해 보전대책(농가 단위 소득직불제, 농촌형 특별소득보조, 컨설팅 지원 강화 등) 수립이 선행되어야 할 것으로 판단된다.

(2006. 3)

지역실정에 맞는 작목과 테마 개발 중요

한·미 자유무역협정이 우리 농업인의 숨구멍을 죄어 오고 있다. 덩치 큰 미국의 대농과 한국 소농의 한판 승부가 예고되고 있는 상황에서도 흔들리지 않고 태연하게 농산촌을 지키고 가꾸고 있는 아름다운 농사꾼 홍쌍리 여사를 찾았다. 활짝 핀 매화처럼 환하게 웃음을 머금고 우리 일행을 반겨주시는 그분은 분명 청매실을 닮았다.

공항에 아침 9시에 도착했다는 매실 명인은 피곤함을 잊은 채 자연이 선물한 매실에 대해서 자세하게 설명해 주었다.

> "매실은 몸속을 씻어내는 청소부입니다. 피를 맑게, 장을 깨끗하게 하는 매실은 환경농법의 대표적인 사례이죠."

거친 손등과는 달리 한없이 맑은 모습에서 아름다운 매화천국을 발견할 수 있었다.

청매실 농원 풍경

며칠 있으면 매화축제가 열린다고 한다. 매년 이른 봄이면 전국 방방곡곡에서 매화꽃을 보러 오는 사람들로 인산인해를 이루는 섬진강 청매실 농원을 일궈 온 주인공이 홍쌍리 여사다. 그분은 매실 명인으로 자연건강법의 전도사이자, 앞서 가는 신지식인이다.

청매실 농원 풍경

오랜 세월 이런 저런 병으로 고생해 온 홍 여사는 조상들의 지혜가 담긴 토종 밥상과 매실요법, 각종 자연요법을 결합한 나름의 건강법으로 자신의 병을 이겨냈다고 한다.

그분의 건강법은 30년 간 매실 농사를 지으며 자연 속에서 얻은 체험과 전통적인 방법으로 매실 음식을 만들며 일궈 온 먹을거리에 대한 철학을 바탕으로 완성된 것이다.

지나온 세월을 돌이키며 자연건강법으로 어떻게 건강을 지켜 왔는지를 소개해 주었고, 유기농산물, 우리 농산물, 제철식품, 밥, 채소, 물, 소금, 김치, 된장, 기름 등에 대한 이야기를 통해 매일의 밥상에서 자연식을 실천할 수 있는 방법을 알려 주는 모습에서 고진감래라는 말을 떠올렸다.

이쯤해서 '홍 여사의 매실 해독건강법' 속으로 들어가 보자. 그분이 이야기하는 자연식이란 깨끗한 물, 소금, 채소를 충분히 섭취하면서 자연 그대로의 안전한 먹을거리를 밥상에 올리는 것으로, 결코 특별하거나 유난스러운 것이 아니라고 한다.

단식, 생식, 새벽운동과 냉온욕, 홍쌍리식 발마사지와 운동법, 마음 건강법까지 자신이 실천하고 있는 자연요법을 한의사처럼 설명하신다. 특히 시행착오를 거쳐 가며 완성한 이 요법들은 매우 평범하고 쉬워 누구나 따라할 수 있다는 데 가장 큰 의의가 있다.

또 아토피와 소아성인병 등 질병에 시달리고 있는 요즘 아이들을 어떻게 건강하게 키울 수 있는지를 소상하게 알려 주었다.

임신중독증이던 첫째 며느리가 임신 중 단식을 통해 건강한 아이를 낳은 이야기며, 손자들에게 맛있는 음식보다는 먹지 말아야 할 음식부터 가르치는 자신은 '먹지 마 할머니'라는 별명을 갖게 되었다는 이야기 등 자신의 경험을 바탕으로 결국 자연육아법의 기본은 밥상 교육에 있음을 강조한다.

청매실 농원에서 베스트극장 촬영 중

아울러 매실 건강법에 대해서는 분명 달인이다. 매실식품을 먹은 사람들의 경험담을 통해 매실이 어디에 좋은지, 현대인에게 매실이 왜 필요한가에 대해 정확하게 설명하신다. 한마디로 말해 매실은 우리 몸속을 깨끗이 청소해 주는 식품.

요즘 같은 공해시대에는 갖가지 노폐물과 공해 독이 몸에 쌓일 수밖에 없고, 이것이 여러 가지 질환의 원인이 되는데 매실은 놀라운 배설작용으로 장의 숙변 등의 노폐물을 제거할 뿐 아니라 간에 쌓이는 각종 공해물질을 해독하는 역할을 한다는 것이다. 결국 매실은 공해시대 최고의 해독식품인 셈이다.

우리 일행에게 매실엑기스를 만들어 보라고 권하면서 매실로 다양한 건강식품을 만드는 법에 대해 설명하신다. 매실이 시장에 등장하는 때는 매년 6월 초 약 보름 정도에 불과한데 이때 청매를 구입해 김장 담그듯 여러 가지 식품을 만들어 두면 일 년 내내 가족들의 건강식을 만들 수 있다는 것이다.

매실 농축액, 매실 발효액, 매실주 등 가정상비약으로 쓰일 수 있는 것뿐 아니라 매실 장아찌, 매실 절임 등의 반찬 그리고 이런 매실 식품을 이용한 다양한 양념장과 소스 만들기 등을 할 수 있다는 것이다.

그동안 앞서가는 사람들에 의해 친환경법이라는 이름으로 시도되었던 많은 노력들이 조금씩 결실을 맺고 있다. 반면 실패사례도 속출하고 있다.

실패 사례의 가장 큰 이유는 지역의 실정과 상황에 맞는 작목과 테마를 개발하지 않고 무조건 다른 사람들의 성공모델만을 본따 성급히 추진하였기 때문이다.

활짝 웃는 데 성공한 매화꽃

그러다 보니 그 지역만의 고유한 특색과 테마가 없이 어디를 가나 비슷하다는 생각 때문에 도시민을 유인하는 데 실패하고 과도한 초기비용과 유지비용을 감당하지 못하여 중도에 포기하는 사례가 늘고 있다.

그런 의미에서 열정, 스피드, 기술력과 생각의 깊이, 통찰력 등과의 균형감각을 갖는 통합 능력 등으로 표현할 수 있는 홍쌍리식 농사철학은 우리 농업인에게 시사하는 바가 크다.

(2006. 3)

고령친화산업으로 경쟁력 높여야

지금 농촌은 소득감소와 인구감소, 고령화로 활력을 잃어 가고 있
다. 게다가 의료·복지·문화·교육환경 등 열악한 조건들은 공동화
현상을 더욱 부채질하고 있다. 단순히 산업측면에서 시장 경쟁력만을
강조한다면 우리 농업은 설 자리가 없다.

사회가 급변할수록 누구나 아날로그사회
에 대한 향수와 귀소 본능을 갖게 된다.

농업은 기본적으로 안전
한 먹을거리를 공급해야 할
국민의 생명산업이며 안보
산업이다. 또한 농업, 농촌
은 홍수예방, 지하수 함양,
토양유실 방지 등 국토보전,
환경보전, 자연경관 형성 및
국토의 균형적 발전 등 농
민들이 시장에서 보상받지
못하는 다원적 기능이 있다.

70·80세대가 은퇴 후, 보람되고 건강한 삶을 살 수 있는 마음의
본향이 바로 농촌이다. 왜냐하면 사회가 급변할수록 누구나 아날로그
사회에 대한 향수와 귀소본능을 갖게 되기 때문이다.

농촌에서의 생활은 가족친화, 이웃친화, 지역친화가 고령친화로 이

어지고 사람이 사람답게 살아가는 행복한 삶을 영위할 수 있으리라 생각된다. 귀농인 조상곤 님과의 대화 속에서 다음과 같은 우리 농촌의 새로운 가능성을 발견할 수 있었다.

우리 농촌의 새로운 가능성은 얼마든지 있다

첫째, 도시의 퇴직자·은퇴자들은 풍부한 전문성과 경륜, 취미와 특기를 살려 농촌 지역사회와 동화될 수 있는 각종 아이템과 프로그램을 개발하여 새로운 일거리를 창출하고, 건강 수명 연장으로 고령화 사회 복지비용과 노인부양 재정 부담을 절감할 수 있다.

둘째, 한국형 시니어 타운, 은퇴농장, 체제형 주말농장 등을 실버산업과 연계시켜 더불어 사는 공동체 마을을 조성하여 인구유입 효과를 높임으로써 도시의 과밀화 해소와 도농 간 균형발전을 이룩할 수 있다.

셋째, 자급자족적인 친환경 농업으로 안전한 먹거리를 생산 공급하고, 다양한 토종작물의 공급 확대로 식량자급률을 제고시키는 동시에 전통 발효식품 및 기능성 건강 장수식품 가공으로 농산물의 부가가치를 높일 수 있다.

넷째, 도농 간의 인적 네트워크를 통한 도농교류 활성화로 농촌생활의 자생력을 키울 수 있다.

다섯째, 취미와 특기를 살린 여가활용(분재, 분화, 목공예, 천연염색, 한지공예, 서각, 목각, 짚풀공예, 넝쿨공예 등)으로 경제력을 갖출 수 있다.

여섯째, 도시 은퇴자들의 다양한 전문지식을 토대로 농촌의 취약한 의료, 문화, 교육현장에 적극 참여할 수 있는 프로그램 운영으로 농촌 지역사회의 복지실현에 기여할 수 있다.

일곱째, 소년·소녀 가장 및 결손가정 자녀 등 불우한 청소년들을

우리 농촌의 새로운 가능성은 얼마든지 있다.

위한 대안학교 및 폐교 직전에 몰린 농촌 학교를 활용하여(인성교육, 재미있는 현장교육 프로그램 등) 건전한 사회 구성원으로 자라도록 돌봄으로써 보람찬 삶을 영위할 수 있다.

여덟째, 농촌에서의 생활공간은 도시의 제한된 주거환경과 달리 자연 속에서 생활공간으로 확대(쉼터이며 운동장이고 작업장이며 오감으로 느끼는 건강관리 체험장)하여 흙과 햇살, 바람, 물, 공기 등 자연을 온몸으로 받는 공간으로 구성할 수 있다.

아홉째, 대체의학, 민간요법, 사언치유 프로그램으로 활기찬 노년을 설계할 수 있다. 즉 실버농업으로 원예치료, 시각치료, 향기치료, 자연의 소리치료와 전통공예를 활용한 여가생활로 촉각치료를 개발할 수 있다.

앞으로 고령친화 산업을 우리 농촌에 접목시킨다면 현재 사회문제로 대두되고 있는 도농 간, 세대 간 양극화 현상의 해소와 인간성 회복, 삶의 질 향상에 크게 기여할 것으로 생각된다.

(2006. 3)

어메니티의 경제 자원화로 부농의 꿈 실현

사람은 누구나 소득이 올라가면 양적인 확대에서 질적인 충실을 지향한다. 이를 뒷받침하듯 최근 농촌의 자연과 전통문화에 대한 도시민의 욕구가 높아지고 있다. 이러한 자연과 여유를 추구하는 웰빙시대의 생활방식은 도농교류를 더욱 확대시키고 있다.

이 과정에서 농촌의 어메니티 자원을 활용하여 이를 그린투어리즘으로 발전시키려는 운동이 한창이다. 과거에는 농촌을 생산 공간의 대상으로만 여겼지만, 앞으로의 농촌은 어메니티 자원을 활용한 농촌경제의 활력화가 농촌을 살리는 길이 되기 때문이다.

이미 선진국들은 90년대 중반부터 서유럽을 중심으로 농촌 어메니티 운동 또는 농촌 어메니티 정책을 확대시키고 있다. 즉 농촌 특유의 자연환경과 전원풍경, 지역 공동체 문화, 지역 특유의 수공예품, 문화유적 등 다양한 요소를 경제적 자원으로 최대한 활용하고 있다.

특히 서유럽에서는 이러한 농촌 어메니티를 농촌개발의 새로운 패러다임으로 정해 정부의 농업정책에 적극 반영하고 있다.

더욱이 어메니티는 농촌개발에만 머무르지 않고, 어촌개발이나 각종 경제 분야에서도 활용되면서 쾌적성만을 의미하는 단순한 추상명사에서 쾌적함과 만족감을 주는 모든 요소들을 함축하는 내용으로 확대 사용되고 있다.

어메니티 자원을 활용한 농촌경제의 활력화가 농촌을 살리는 길이다.

다만 농촌 어메니티 자원은 고유성, 비가역성, 불확실성, 비경합성, 비배제성 등 공공재적인 특성을 내재적으로 지니고 있어서 시장가치적 측면에서 볼 때 어메니티에 기초한 농촌자원 개발의 편익과 비용의 추정에는 어려움이 따른다.

그러다 보니 농촌의 자연생태환경에 기반을 둔 어메니티 자원의 경우, 주로 외부효과에 의해 다면적 가치가 창출되므로 그 가치의 내부화가 어렵다.

하지만 최근에는 이러한 외부효과를 창출해 내는 지속적인 활동이 시장에서 최적으로 공급이 이루어지도록 외부효과의 존재를 현재화함으로써 시장가치가 구현될 수 있는 분석방법들이 개발되어 농촌관광의 활성화 방안을 제시하고 있다.

문제는 어메니티 가치에 관련된 재산권의 내부화에 대한 어려움이다. 나라마다 지역마다 해석하는 방식에 큰 편차가 있는 재산권을 분명하게 설정하기란 생각보다 쉽지 않다.

　여기서 재산권의 설정이란 동산, 부동산이 아닌 외부 불경제도 재산권이 성립되면 거래가 가능하다는 뜻이기도 하다.

　예컨대 미국의 경제학자 R. H. 코스가 전개한 정리로 계량이 곤란한 환경오염 같은 외부 불경제도 소유권에 관한 명확한 법 해석이 되어 있으면 거래와 계산이 가능하다는 것이다. 이에 대하여 주민은 환경오염으로부터 피해를 최소화하기 위하여 생산량 축소를 요구하며 기업과 교섭할 것이다.

　이 교섭으로 기업의 한계이윤(생산량 변화에 대한 기업이윤의 변화비율)은 주민의 한계피해(생산량 변화에 대한 오염피해의 변화비율)와 비슷한 수준에서 결정된다. 환경권이 주민 쪽에 있다 해도 마찬가지다. 이런 교섭에 의한 외부경제, 외부불경제의 내부화 메커니즘을 밝힌 정리가 바로 코스의 법칙이다.

농촌관광의 출발점은 지역주민 스스로 지역에 살고 있는 것을 자랑스럽게 생각하고 자신감을 회복하는 정책의 일환으로 전개되어야 한다.

그런 의미에서 앞으로 어메니티 자원을 활용한 농촌 개발을 위해서는 첫째, 지역 어메니티 자원의 소유권을 어떻게 규정하고 구체화할 것인가. 둘째, 지역 어메니티 보존 및 증진에 따른 이해관계자 비용부담과 수익부담을 어떤 방식으로 계산할 것인가. 셋째, 지속가능한 사계절 농촌관광을 위하여 어떤 시스템을 구축할 것인가. 마지막으로 마을 주민의 긍지와 자부심을 통한 도시민 만족도의 최대 유지, 마을 환경의 지속적인 개선 등에 주안점을 두어야 한다.

 이 중에서도 필자는 농촌 어메니티의 가치에 대한 마을주민들이 긍지와 자부심을 제일 중요시한다.

 공자는 "가까이 있는 사람들을 기쁘게 해 주는 정치를 한다면, 멀리 있는 사람들은 이를 부러워하여 찾아오게 된다"고 했다. 이러한 정치는 그야 말로 오늘날의 농촌관광 개발정책에 그대로 적용되어질 수 있다.

 따라서 농촌관광의 출발점은 지역주민 스스로 지역에 살고 있는 것을 자랑스럽게 생각하고 자신감을 회복하는 정책의 일환으로 전개되어야 한다. 살고 있는 사람들이 즐겁고 행복해 하는 곳에 도시민이 붐비는 것은 당연하다.

(2006. 3)

적절한 시점의 신시장 개척 위한 2등 전략 긴요

축산업 생산액은 농림업 총생산액 33조 4000억 원 중 27%를 차지하는 비중이다. 농산물 주요품목으로는 1위 쌀, 2위 돼지, 3위 한우, 4위 우유, 5위 건고추, 6위 계란, 7위 닭으로 축산 5개 품목이 모두 7위 안에 속해 있다.

하지만 축산업은 현실적으로 과연 경쟁력이 있는가. 결론부터 말하면, 2001년 쇠고기 시장 개방으로 주요 축산물 모두가 저율 관세로 개방돼, 이미 구조조정이 이뤄졌기 때문에 생산부문에서 만큼은 어느 정도 경쟁력을 갖추고 있다고 본다.

하지만 우리나라 축산물 유통의 현주소를 보면 생각이 달라진다. 한마디로 열악한 부분이 많다고 표현할 수 있다. 즉 유통주체의 경영 규모가 영세하고 많은 사람이 이에 종사하고 있기 때문에 전반적으로 비용이 높고 효율이 낮을 수밖에 없는 구조적 취약점을 갖고 있다.

더구나 소비자의 욕구를 충족시키기 위해서는 좋은 품질의 축산물을 싼 값으로 제공해야 한다는 이중고를 감수해야 한다.

그렇다면 대안은 없는가. 필자는 첫째, 블루오션을 지배하는 재빠른 2등 전략을 권하고 싶다. 즉 최근 경쟁이 없는 새로운 시장, 즉 푸른 바다와 같은 신시장을 개척하자는 블루오션 전략이 많은 한국 기업과 경영자들에게 새로운 경영전략의 패러다임으로 받아들여지면서 하나의 유행처럼 번져 가고 있다.

축산인이 꿈꾸는 푸른 목장

위기에서 벗어나기 위한 돌파구와 새로운 미래성장 동력을 찾고 있는 기업과 경영자들에게, 높은 수익과 무한한 성장이 존재하는 푸른 바다에 뛰어들라는 블루오션 전략은 매력적인 제안으로 들릴 수밖에 없다.

하지만 블루오션을 찾아낸다고 해서 그곳의 먹이감을 모두 독식할 수 있는 것은 아니다. 뒤따라 온 다른 경쟁자에게 기껏 찾아낸 먹이감을 빼앗기지 않으려면 또 다른 노력과 전략이 필요하다. 즉 블루오션을 찾아내는 것보다 더 중요한 것은 그 바다를 지배하는 방법을 아는 것이라고 할 수 있다.

대한민국은 축산 청정국이다.

신시장을 지배하는 재빠른 2등 전략은 바로 이러한 블루오션의 궁극적인 지배자가 되는 방법이다. 즉 새로운 시장을 지배하기 위한 핵심 성공요인은 '빨리 움직이는 것'이 아니라 '적절한 시점에 움직이는 것'이다.

그리고 적절한 시점이 맨 먼저인 경우는 드물다. 결국 신시장에 들어가 실질적인 주도자, 즉 진정한 마켓 리더가 되기 위해서는 움직여야 할 최적의 타이밍을 찾아내야만 한다. 이것이 '재빠른 2등 전략'이다. 재빠른 2등 전략만이 신시장의 창조와 지배를 위한 최적의 전략이다.

새로운 틈새시장을 찾아내 대중시장으로 확대하기 위한 재빠른 2등 전략과 그 시장을 지속적으로 확대하고 유지하기 위한 혁신 전략만이 치열한 경쟁과 불확실성의 시대에 생존을 위한 돌파구를 찾을 수 있을 것이다.(『신시장을 지배하는 재빠른 2등 전략』 중에서)

둘째, 닭의 경우 자연양계의 강점을 살리자. 일반적으로 닭과 닭똥을 분리하면 일손이 절감될 것으로 생각하고 게이지나 육추기를 이용하기 때문에 분뇨제거비까지 필요해진다. 또 통 속에 사료만 부으면 끝나는 인정미 없는 관리로 사육주와 닭 사이에 오가야 할 애정이 사라지고 있다. 심지어 암탉에게는 본능적인 모성애까지 막아버리고, 오로지 계란의 생산만을 강요한다.

또한 위생적이어야 한다는 이유로 계사를 외부와 차단시키는 탓에 공기는 눈도 못 뜰 정도로 혼탁하다. 자연히 위장장애를 예방하기 위해 다량으로 약물을 투여해야 하고, 독약으로 계사를 소독하거나 공기청정기를 설치해 위생적인 환경을 확보할 수밖에 없다.

자연의 위대한 자정력을 보지 못하는 학자나 기술자도 이런 식의 해결을 부추긴다. 빈발하는 호흡기 질환, 눈병, 소화장애 등을 막아내려면 매일 항생제를 투여해야 한다고 지도하는 것이다. 무엇이 정말 위생적인 환경인지를 모르고 있다. 이런 형태가 하루빨리 고쳐지지 않는한, 병균의 내성은 점점 강해지고 닭은 약해져 손해만 입게 된다.

자연양계는 특별한 기술을 필요로 하지 않는다. 자본이나 기술이 아니라 자연 속에서 애정으로 이루어지기 때문이다. 한 번 체험하기만 하면 이런 저런 강습을 받거나, 책을 읽어 잡다한 기술을 익히지 않아도 누구든 안정적인 수익을 얻을 수 있다. 좁은 지름길을 가려다 후회하기보다는 대도를 활보하며 미래로 나가는 양계가 되어야 한다.

그런 의미에서 이제 공업 양계부터 참된 농업 양계로 돌아와야 할 때가 되었다고 생각한다.

셋째, 철저한 위생관리 시스템이 뒷받침되어야 한다. 최근 빈번히 발생하는 식품안전 사고를 사전 예방하기 위해 2003년도에 시범 도입한 우수농산물관리제도(GAP), 이력추적관리제도를 더욱 확산시킴은 물론 축산물 위해요소 중점관리제도(HACCP)의 적용도 확대될 것이다.

얼마 전 식약청은 "식품제조업체들이 HACCP를 적용하도록 유도하기 위해 지원대책을 마련하고, 관련 법규를 강화할 방침"이라고 밝혔다. 우선 검토되고 있는 지원책은 HACCP 특설매장의 상설화다. 즉 백화점이나 대형마트에 HACCP 적용상품 판매대를 따로 설치하도록 해 HACCP 제품의 인지도를 높인다는 것이다.

아울러 대중매체를 통한 식품 광고에 "HACCP 마크를 확인하라"는 문구를 표기하도록 의무화하는 방안도 추진된다고 한다.

현재 HACCP를 적용하고 있는 국내 식품업체는 2005년 말 기준으로 모두 205곳으로 10만 개 이상의 식품 관련 업체 중 0.2%에 불과하다. 정부에서는 컨설팅 비용 지원, 종사자 교육 훈련비 지원, 세제감면, 정부입찰 가점 등의 유인책을 제시하고 있지만, 업체들은 도입을 꺼리는 실정이다. 왜냐하면 HACCP 지정을 받기도 쉽지 않고, 투자비용도 만만찮기 때문이다.

하지만 정부는 자율적으로 운영되는 HACCP 적용을 단계적으로 의무화할 계획이다. 우선 1단계로 연매출액 20억 원 이상의 식품회사에 의무적으로 도입해 2012년까지 전면 확대 실시한다는 방침이다. 따라서 축산업도 이와 관련한 대비책이 필요한 시점에 와 있다.

(2006. 3)

농업도 꼭짓점 콘텐츠에 달렸다

요즘 '꼭짓점 댄스'가 장안의 화제다. 이는 피라미드 형태로 꼭짓점 대형을 이루어 여러 사람이 함께 추는 춤이다. 자세히 보면 과거 개인기 방식과는 차별화된 집단협업 방식이다. 다가올 독일 월드컵 응원전에 보여 줄 집단적 역동성은 지금부터 우리의 가슴을 설레게 하고 있다.

유채꽃 큰잔치에 꼭짓점 댄스를

이러한 꼭짓점 열풍을 농촌문화의 새로운 콘텐츠로 활용하면 어떨까. 농촌의 경우 그동안 농민들이 강력히 반발해 온 수입쌀 시판이 드디어 현실화됐다.

최근 미국산 칼로스 쌀 2752톤, 중국산 가공용 현미 5400톤이 우리 땅에 반입되었다. 쌀 과잉재고에 시달리는 상황에서 수입쌀의 대량 반입은 쌀 산업의 불안을 더욱 증폭시키고 있다. 하지만 여기서 주저앉을 수만은 없다.

농업의 위기를 극복하기 위해서는 '농작의 포트폴리오'를 확대해야만 한다. 이제 농업도 경영하는 시대이다. 연구하지 않고 이전의 방식만 답습한다면 이미 희망은 없다.

따라서 농업에도 꼭짓점 기법이 접목되어야 한다. 즉 새로운 소득원 개발, 독특한 상품화, 식품의 안전성 그리고 다각적인 마케팅 등 이렇게 4가지 꼭짓점을 구심점으로 하여 농업성장을 이끌어내야 한다.

우리 농촌의 미래 꼭짓점 콘텐츠에 달렸다

먼저 새로운 소득원 개발이다. 자연 경관을 해치지 않고 사람들에게 만족감을 줄 수 있는 우리 농촌의 모든 경제적 자원을 발굴하여 소득원을 창출해야 한다. 여기에는 반드시 '8거리'의 개발이 필요하다. 즉 먹거리, 볼거리, 쉴거리, 알거리, 할거리, 놀거리, 일거리, 팔거리 등 8거리 자원을 개발해야 한다.

둘째, 독특한 상품화이다. 전남 장성군 동화면의 임선호 씨의 경우 그동안 육묘상자, 수박받침대, 상추 아파트 등 농사와 관련된 15종류의 특허를 획득했다. 특히 임 씨가 발명한 '상추 아파트' 시설은 주위에서 호평을 받고 있다.

우리 농촌의 미래 꼭짓점 콘텐츠에 달렸다.

상추 아파트란 상추를 아파트처럼 된 화분에 심고 자동으로 물을 주고 한약으로 된 거름을 사용해 편리하고 질 좋은 상추를 쉽게 재배할 수 있게 함으로써 농업용뿐만 아니라 도시민들이 가정용으로도 활용할 수 있다. 최근 이런 상추 아파트는 농업용뿐만 아니라 도시민들이 아파트 장식용과 베란다에서 상추를 기르기 위한 가정용으로도 주문이 쇄도하고 있다.

이처럼 임 씨는 쌀농사보다 시설 채소 재배에 주력하면서 농사 현장에서 떠오르는 아이디어를 모아 독특한 상품을 만들어낸 것이다.

셋째, 식품의 안전성이다. 미국의 여류작가 레이첼 카아슨의 『침묵의 봄』은 생명의 농업 자연농법이 왜 필요한지, 유기농업을 왜 해야 하는지 그리고 왜 그런 농산물로 식물을 삼아야 하는지를 잘 설명하고 있다.

오늘날 국내 소비자뿐만 아니라 외국 바이어들은 한결같이 생산자들이 수입 농산물과의 경쟁에서 소비자 선택의 우위를 점하려면 무엇보다 안전성과 상품의 신뢰를 갖출 것을 주문하고 있다. 즉 품질이 규격화된 고품질 농산물과 생산이력제 관리상품, 지역명품, 친환경 농산물만이 경쟁력이 있다는 얘기다.

넷째, 다각적인 마케팅이다. 요즘 농산물에 대한 소비자 선호도를 보면 질과 가격의 양극화 현상이 뚜렷하다. 이는 농산물도 이제 제품 차별화를 통한 적극적인 마케팅시대가 도래했다는 것을 의미한다.

또 진정한 차별화는 생산자·판매자가 파는 상품이 아닌, 소비자·구매자가 사고 싶은 상품에서 나온다는 것을 말해 주고 있다. 소비자와 대형 유통업체 및 도매시장의 구매패턴에 맞추려는 생산자의 노력은 이제 선택이 아니라 필수이다.

앞으로 소비자교육 및 홍보 강화, 대량 소비처 개척, 전자상거래 적극 추진, 소비자의 신뢰 확보, 친환경 가공사업 지원·육성, 환경보전형 지역농업시스템 구축 등이 다각적인 마케팅의 키워드다.

농업도 또 하나의 첨단산업이다. 과거 일부 신지식 농업인 위주의 지원방식과는 달리 꼭짓점 기법과 같은 집단협업방식이 농촌의 경쟁력을 보장해 줄 것이다.

(2006. 3)

노는 토요일, 부자 아빠가 되는 날로

요즈음 우리 사회에 '놀토(노는 토요일) 증후군'이 생겼다. 왜냐하면 올해 초·중등학교 학생들은 토요일에 학교에 가지 않기 때문이다. 부모는 부모대로 자녀들과의 나들이 강박증에 골치를 앓고 있다. 특히 대부분 직장인인 아빠들의 고통은 더 심하다.

더구나 '놀토'와 관련된 산업이 뜨면서 자녀들의 외출을 부추기고 있고, 아이들 사이에선 놀토 보내기에 충실한 아빠와 그렇지 못한 아빠를 만점 아빠와 빵점 아빠로 구별하고 있다. 앞으로 '놀토'를 어떻게 보내느냐에 따라 '빵점 아빠'와 '만점 아빠'로 명암이 갈릴 판이어서 자녀를 둔 직장인의 고민은 이래저래 깊어만 가고 있다.

경제적으로 여유로운 가정은 벌써부터 가족여행을 계획하는 등 삶의 질 향상을 기대하고 있지만 맞벌이 부부나 저소득 가정의 학부모들은 자녀를 맡길 곳을 찾느라 걱정이 태산이다.

그렇지 않아도 가난한 아빠라는 죄의식 때문에 주말에도 더 열심히 일할 수밖에 없는 저소득층에게 주 5일제 수업 확대는 더 가난한 아빠로 전락시키고 있다. 더구나 부유층 자녀들에 비해 상대적으로 소외감을 더 느껴 마음에 상처를 받지나 않을까 걱정이다.

이쯤 되자 부모들은 주5일제 수업 확대 실시에 따른 다양한 프로그램을 마련해 학생들이 탈선하지 않도록 학교당국에 특별한 대책을 주문하고 있다.

반면에 경제적 부담을 감수하면서 자녀교육을 위해 적극적인 체험 활동에 나서는 가족도 적지 않다. 당장 '놀토' 보내기의 양극화 현상은 가난한 아빠를 두 번 울릴 상황이다.

그런 의미에서 『부자 아빠 가난한 아빠』란 책 제목을 떠올려 보자.

부자 아빠 가난한 아빠

이 책은 솔직히 자녀들이 보기에는 바람직하지는 않다. 이 책은 누구나 아주 쉽게 돈을 벌 수 있을 것 같은 착각 속에 빠지게 할 수 있다. 물론 세상에는 어쩌다 보니, 운이 좋게도, 순식간에 거액을 버는 사람도 있을 수 있지만, 이 세상에는 성실하게 땀 흘리는 사람이 훨씬 더 많으며 그런 사람들의 땀과 눈물은 존중되어야 하고 존경받아야 하기 때문이다.

그렇다고 놓쳐버리기에는 너무 아깝다는 생각이 든다. 그 이유는 이 책은 일반인들이 잘 알지 못하는 경제 IQ에 대하여 이야기하고 있기 때문이다.

이 책을 보면 참 신선한 느낌을 받을 수 있는데, 저자는 묵묵히 자기의 일만을 하는 사람을 비판한다. 이러한 사람들은 결코 부자가 될 수 없고 단지 부자들이 돈을 벌 수 있게 하는 수단으로 전락한다는 이야기는 평소 고정관념을 깨고 있다.

이 책의 핵심내용으로는 사람들을 4가지 분류로 구분하고 그에 따른 설명을 덧붙이고 있다. 먼저 4가지 분류를 보면 비즈니스맨, 투자가, 자영업자, 노동자가 있다.

이 중에서 부자라고 할 수 있는 사람은 비즈니스맨과 투자가뿐이고 나머지 둘은 일은 열심히 하지만 돈은 벌지 못하는 사람이라는 것이다. 전자는 경제적 IQ를 이용하여 힘들고 어렵지 않게 많은 돈을 벌어 50이 안 되는 나이에 은퇴하여 여생을 풍요롭게 살아간다. 반면 나머지 둘은 평생을 열심히 일하지만 돈도 벌지도 못하고 일에 치여 살다가 죽는다는 것이다.

따라서 부자 아빠와 가난한 아빠의 기준이 바로 경제 IQ라는 것이다. 이 경제 IQ의 핵심내용이란 자신의 부채를 최대한 줄이고 자산을 늘려 나가는 방법이다. 여기서 자산과 부채의 정의는 대단히 중요하다. 보통 사람들은 집을 자산이라고 생각한다. 그러나 이 책에서는 집을 자산으로 취급하지 않는다. 대부분 집을 사기 위해 돈을 빌리게 된다. 그러다 보면 이자도 내야 하고, 또 시간이 가면 집의 가치가 떨어지게 된다.

그러므로 집은 자산이 아닌 부채라는 것이다. 그렇다면 무엇이 자산인가, 바로 특허권, 주식, 토지 등이 진정한 자산이라는 것이다.

여기서 부자 마인드란 재테크를 중장기적 전략에 따라 바라보고, 부자가 지녀야 할 상류층의 사회적 책임정신까지도 가져 보자는 것이다. 즉 단순히 돈을 벌기 위해 투자대상을 찍는 수준이 아니라 미래를 예측하는 힘을 키우는 게 더 중요하다는 뜻이기도 하다.

그렇다면 우리 아이들에게 미래 예측력을 키우고, 자아형성을 위해 많을 것을 보고 느낄 수 있는 눈을 키우는 일은 무엇인가, 바로 체험이다. 자녀들이 무언가가 부족하거나 필요하다고 느낄 때마다 먼저 원하는 것을 주어야 부자 아빠가 되는 사회다. 이것은 돈과 자녀에 대한 사랑에 대해서도 같다.

그런 의미에서 가난한 아빠는 가난한 아빠대로 이왕 주어진 환경에서 놀토일을 보낼 수 있는 방안을 선택해서 생각해 보자.

첫째, 휴무 토요일 계획을 미리 세우자.

둘째, 경제적 부담이 적은 집 근처의 도서관, 공원, 식목원 등을 활용해 보자.

셋째, 도시의 어린이들이 보다 쉽게 농촌의 자연을 만날 수 있는 방법을 강구해 보자. 예컨대 인근 농업박물관에 가서 농촌사랑을 배우고, 주말 체험농장에 논과 밭을 꾸며서 어린이들이 직접 모를 심고 열매를 수확하는 즐거움을 선물해 보자.

노는 토요일에는 아이들과 함께 인근 도서관, 박물관 등을 활용, 부자 아빠가 되는 지혜가 필요하다.

넷째, 욕심을 버리고 집에서 할 수 있는 생활체험을 개발하는 것도 장기적인 관점에서 휴무 토요일의 취지에도 맞는 일이다. 가족신문만들기, 가족회의, 사진정리, 간단한 요리하기, 장보기, 동네지도 그리기 등을 실천해 보자.

다섯째, 방과 후 학교에서 운영하는 다양한 교육프로그램에 참가해 보자.

조금만 부지런하면 나에게 유익한 프로그램을 주위에서 얼마든지 찾을 수 있다. 만점 아빠 되는 길이 그리 멀리 있는 것만은 아니다.

(2006. 4)

경쟁력 있는 농촌관광전략 필요

초·중·고교의 토요 휴업일이 월 2회로 확대되면서, 현장체험학습 등 놀토(놀면서 배우는 토요일)와 관련된 사업이 뜨고 있다. 놀토일이 아이들에겐 특별한 날이지만, 학부모는 토요일 아이와 무엇을 하고 보낼지 고민할 수밖에 없다.

하지만 주위를 둘러보면 아이와 '놀토'를 유익하게 보낼 곳은 얼마든지 있다. 즉 노는 토요일에 박물관과 미술관, 유적지, 영화관 등 공연장, 수목원 등 자연학습장을 찾을 수 있다.

또 저렴한 관광비용으로 다양한 체험 참여와 전국 고향마을의 '아주 특별한 농촌체험' 프로그램들이 소개되면서 농촌체험관광을 마음껏 즐길 수 있다.

특히 종전의 명승지 견학 등의 단체관광 중심보다는 자연·생태관찰, 농촌문화체험 등 가족단위 형태의 대안관광(Alternative Tourism)에 관심이 많다.

하지만 가족단위 대안관광을 100% 만족시키기엔 역부족이다. 즉 농촌 활력화를 위해서는 아직 개선해야 할 사항이 많다는 얘기다.

농촌 팜스테이 팬션이 쉴거리로 자리 잡아

가장 우선시되는 것은 농업인과 지방자치단체들의 농촌관광에 대한 인식 전환으로 지역 농촌이 가진 유·무형의 각종 자원을 관광 상품화하는 자세가 필요하다.

그리고 농촌을 도시민이 찾아와, 보고, 쉬고, 체험하고, 즐기고, 사가는 활력이 넘치는 복합공간으로 재구성할 수 있는 법령 및 제도의 지속적 정비와 정부의 체계적인 농촌관광 지원 시스템이 마련되어야 한다.

그러나 아직은 농촌 주민들의 농촌관광에 대한 이해 정도가 부족하고 농촌관광 프로그램을 도입하더라도 사업을 성공적으로 이끌어 갈 수 있는 유능한 인력이 양성되어 있지 않는 상황이다.

그래서 지역 농촌을 찾아 온 도시민들을 맞이할 수 있는 마을주민의 서비스 마인드 형성, 안전 및 위생관리, 체험프로그램 운영 등에 대한 교육을 강화할 필요가 있다.

장기적으로는 자녀와 부모의 불만족 증후군을 동시에 치료해 줄 수 있는 마음훈련장을 조성해야 한다.

이를 위해서는 다음과 같은 농촌관광전략이 필요하다.

첫째, 농촌체험관광은 소규모로 다양하게 장기적이고 지속적으로 추진되어야 한다. 즉 자연, 풍습, 향토요리 등 모든 자원을 조사하여 관광상품화 방법, 시기, 고객, 기술, 지역여건 등을 고려하여, 저비용, 저투자로 사업을 추진하되 성공을 하게 되면 확대해 나가도록 한다. 사업주체도 마을, 개인단위에서 할 수 있는 사업부터 추진해야 한다.

둘째, 도시민의 농촌관광에 대한 욕구와 성향을 파악한 후 이에 대응한 프로그램을 개발하여 농촌관광사업 품목과 방향을 설정하여 한다. 어린이, 학생, 노인, 기업, 단체 등 도시민의 취향에 맞는 여가 체험 프로그램을 지역별로 다양하게 개발한다.

셋째, 일반관광과는 구별되는 농·산촌과 농림업 여가 체험프로그램, 심층적인 지역탐방프로그램에 중점을 두며, 농촌이 경쟁력을 가질 수 있는 틈새시장을 활용한다.

넷째, 농촌관광과 관련된 농촌지역정보를 도시민에게 제공하고 도시민의 요구를 농촌주민에게 신속하게 전달할 수 있는 쌍방향 종합정보시스템도 갖추어야 한다.

다섯째, 농촌관광 상품에 대한 신뢰도를 높여 나가기 위해서는 공동 마케팅 조직 활동이 필요하며, 이때 유럽 등에서 도입하고 있는 공동상표 운동과 시설 등급제, 인증제 등을 도입하는 것도 좋은 방법이다.

여섯째, 우리나라는 유럽과 같은 장기체류형 휴가문화가 정착되어 있지 않기 때문에 단기 체류형 숙박시설을 중심으로 농특산물과 전통문화 그리고 이들을 지역의 이벤트 상품으로서 개발하려는 노력이 필요하다.

그리하여 농촌관광의 인지도를 높이고 수요를 창출하기 위해 다양한 매스컴을 통한 적극적인 홍보와 사이버상의 도·농교류 공간을 활성화시켜 나가는 등 농촌의 각종 자원을 새로운 소득원으로 개발하는 지혜를 결집해야 할 때다.

(2006. 4)

이제 컴퓨터는 농기구다

컴퓨터는 내 친구

현대는 속도시대다.

속도문제를 해결하는 가장 좋은 방법은 사람 대신 기계를 이용하는 방법이다.

농업혁명 당시에는 이런 '기계' 역할을 농기구가, 산업혁명에선 증기동력장치가, 정보혁명시대에는 컴퓨터가 바로 이 기계에 해당된다.

90년 후반부터 시작된 정보화의 물결은 우리 농촌, 농업에도 커다란 변화를 일으켰다. 컴퓨터를 활용하는 농가들에겐 컴퓨터가 가장 소중한 농기구이고 커뮤니케이션 장비인 동시에 농가경쟁력의 수단으로 자리매김했다.

실제로 농산품에 정보기술(IT)을 접목시킨 농가들이 기존의 매출이나 농가소득을 2배 이상 끌어올리고 있다. 이를 테면 사이버 농가들이다. 물론 아직은 이런 성공농가들이 그리 많지는 않지만 최근 수년 사이에 매우 높게 증가하고 있다. 이들 성공 농가들이 주위에 미치는 시너지 효과는 크다.

특히 1만여 전국 농업인 홈페이지 농가들을 대변하고 있는 한국사이버농업인연합회의 활약은 대단하다.

컴퓨터는 내 친구

올해의 경우, 3월 전진대회를 통해 농업인들에게 시장원리를 알려주고, 디지털기술을 농업에 접목시킨 전자상거래의 정착을 위해 기폭제역할을 다하였다.

지역별로는 사이버상에 동호회를 개설하여 생산·유통과 관련된 시장 마케팅정보를 비롯한 각종 지식과 농촌생활 등을 공유하고 있다.

그 밖에 채소동호회, 토마토동호회, 주부동호회 등과 같이 생산품목별, 성격, 취미 등에 따라 다양한 동호회를 만들어 운영하고 있다.

여하튼 최근 인터넷을 통한 온라인 판매시장은 폭발적으로 증가하고 있다. 이와 같은 흐름은 우리 농가들에게 커다란 기회이다. 그럼에도 불구하고 아직 우리 주위에는 앞서가려는 노력보다 남만 쫓아가려는 농업인이 훨씬 더 많다. 그리고 가격이 폭락하거나 수입개방에 대해선 엄청난 불만을 토해 내는 것을 왕왕 보곤 한다.

반면 수입 농산물이 들어와도 친환경재배와 전자상거래를 활용하여 경쟁력을 키우고 준비하는 농업인도 많다.

그리고 그들이 기계수단으로 활용하고 있는 농가의 개별 홈페이지는 믿음과 신뢰가 깨어질 때 하루아침에 문을 닫아야 한다는 것도 누구보다 잘 알고 있다.

최근엔 시험단계지만 선정된 의료진을 활용한 원격진료를 통해 직접 무료진료를 받는 농업인도 있다.

차별화된 농법이 농가 경쟁력의 원천

차별화된 농법이 농가 경쟁력의 원천

앞으로 차별화된 농법이 농가 경쟁력의 원천이고 변화하고 혁신하지 않으면 생존 경쟁에서 살아남기 힘들다. 따라서 이 흐름을 잘만 이용할 수 있다면 성공할 수 있는 가능성은 매우 높다.

우선 컴퓨터부터 배우고 활용하자. 이제 컴퓨터는 농기구이다. 농촌에 살기 때문에 문화혜택을 누리기 어렵다는 말은 변명이다. 그만큼 농촌도 컴퓨터 교육이 대중화되어 있다.

다음으로 사이버농가들과 함께 사이버농업인단체도 결성하고, 차별화된 농법을 시도하고 있는 벤처농업인들과의 유대관계를 맺기 위한 시간과 노력도 투자하자.

앞으로 컴퓨터가 1인 3역을 할 것이다, 즉 무엇을 심을 것인가, 어떻게 가꿀 것인가, 어떻게 팔 것인가에 대해 걱정을 많이 덜어줄 것이다.

사이버 농업인! 이들은 분명 우리 농업의 희망이다.

(2006. 4)

농가도 대체에너지 준비 서둘러야

우리 집에 태양열이 들어오고 있다

우리 생활에 편의를 주는 화석에너지는 고갈 위험이 있는 동시에 환경을 파괴시킨다. 반면 대체에너지는 고갈 위험과 환경 파괴도 적은 미래에 반드시 필요한 자원이다. 우리농가도 대체에너지를 이용하면 무한공급성과 환경친화성이라는 두 마리 토끼를 잡을 수 있다.

기후변화협약과 같은 국제적 환경협약들이 발효된 이후 선진국은 대체에너지 개발 보급에 한창이다. 원래 대체에너지는 공해와 환경오염이 적고, 전 세계적으로 지역적 편중이 낮은 에너지라는 것이 장점이다, 이처럼 대체에너지는 친환경적인 데다 청정에너지 성격을 지니고 있어 미래에너지를 책임지는 잠재력이 큰 국가자원이다.

반면 에너지 전환효율이 낮아 화석연료보다 가격이 비싸다는 단점에도 불구하고 세계 각국은 이 같은 대체에너지를 국가경쟁력의 관건으로 보고 적극 개발 보급하고 있다.

대체에너지 활용이 에너지의 영구성과 친환경성을 통해 외부경제를 창출하고 기후변화협약에 따른 온실가스 감축 등 국가경쟁력에 유리하기 때문이다.

우리 집에 태양열이 들어오고 있다.

유럽의 경우 오는 2010년 대체에너지 사용비중을 12%로 확대할 예정이며, 미국과 일본 역시 각각 100만 가구 태양열 지붕계획과 뉴 선샤인(New Sunshine)계획을 추진하고 있다.

우리나라의 경우, 주요에너지 구성원인 석유 및 석탄의 비중이 감소하는 반면 대체에너지는 기술수준 및 시장기반 조성이 아직 부족한 편이지만 2011년까지 대체에너지 5% 보급 목표 달성대책을 세워 놓고 있다.

농업부문도 예외는 아니다. 약 33%의 비중을 차지하는 시설재배농가의 경우, 생산비의 30~40%를 냉난방비가 점유하고 있다. 또한 도농교류 확대로 경종(耕鍾) 분야에서 관광농업 쪽으로 이동하고 있어 농가민박촌 또한 연료절감노력이 시급하다.

따라서 우리농가도 어떠한 형태로든 여기에 동참해야 되는 사항이다. 이제부터라도 대체에너지(전기 대신 태양열과 지열이용, 폐비닐 등을 대체연료로 사용)를 이용한 시스템 개발이 필요하다.

폐비닐 등을 이용한 대체에너지

이를 위해서는 다음과 같은 주도성, 기술성, 경제성, 자발성, 친환경성과 같은 전제조건이 필요하다.

첫째, 정부주도의 개발 및 보급이 필요하다. 정부의 다양한 정책적인 지원에 힘입어 화석연료와의 가격 격차가 상당부분 줄어들고 있으나 농가의 대체 에너지의 보급 활용은 자생력을 확보하기에는 아직 역부족이다.

폐비닐 등을 이용한 대체에너지.

둘째, 실효성 높은 일관된 정책이 이루어져야 한다. 대체에너지의 자원량을 활용할 수 있는 '기술성과 경제성 확보'를 위한 지속적인 노력은 물론 농가의 자발적인 참여와 민간자본 유입을 촉진해 농촌 활성화를 유도해야 한다.

셋째, 대체에너지 사용의 문제점에 대한 해결대책이 뒷받침되어야 한다. 현재 대체에너지의 초기투자비용이 비싸고, 효율성 검증이 미약하다. 또 고유가 극복을 위해 정부가 대체에너지 시설을 보급하면서, 이런 대체 에너지 시설에서 나오는 악취와 매연으로 인근 주민들이 겪고 있는 불편을 소홀히 해 분쟁의 불씨가 되고 있다는 사실이다.

이제 연료사용만 규제하면 된다는 생각은 바꿔야 한다. 농가의 대체에너지 활용도 하나의 창조경영이다. 과거 에너지 절약방식에서 벗어나 영구성과 친환경성을 추구하는 청정에너지 이용방식이 농가의 경쟁력을 보장해 줄 것이다.

(2006. 4)

농촌은 이순신의 리더십을 원한다

세상의 변화가 예전 같지 않아서 넋을 놓고 지내면 책방 속 글들이 무슨 소리를 하는지 알아먹지 못할 때가 있다. 즉 시간과 장소를 초월한 책, 마음만 있다면 언제 어디서든 글밭에서 맘껏 뛰어놀 수 있는 세상이다. e-북, u-북, 오디오북 등 일명 디지털 콘텐츠가 그것이다.

그만큼 정보의 홍수 속에서 살고 있는 오늘날, 우리는 여전히 460년 전에 태어난 충무공의 주도적 리더십에 고개를 숙이는 반면 일부 평범한 직장인들조차도 헛똑똑이가 되어 가고 있고, 자칫 헛정보나 껍데기 지식에 현혹될 공산이 크다.

그러다보니 거북선 제조가 과연 충무공의 천재성 덕분일까. 아니면 당내 조선의 기술적 수준의 반영이 아니었을까는 반문을 하는 경우도 왕왕 있다. 그럴 때마다 수많은 조선 기술자와 병졸, 의병에 가담한 농민들을 외면한 영웅주의가 싫어지기까지 한다.

그런 의미에서 요즘 직장인들은 오히려 '무두일'(無頭日)을 원한다. '무두일'이란 조직의 리더나 윗사람이 출장이나 휴가로 자리를 비운 날을 뜻한다. 아마 수직적 리더십이 강한 조직 속에 몸담고 있는 부하직원일수록 그런 생각이 강할 것이다.

지금 농촌은 이순신과 같은 깐깐한 리더를 필요로 하는
유두일(有頭日)을 원하고 있다.

구직자들이 열릴 줄 모르는 취업문에 연신 눈물을 삼키는 현실에서
무두일이란 말이 여전히 감동으로 통용된다는 것이 내게는 아직도 딜
레마다. 아마 직장인들이 그만큼 충무공과 같은 영웅주의가 아닌 수
평적 리더십의 시대를 요구하는 까닭일 게다.

지금 농촌은 이순신 리더십을 원하고 있다

하지만 농민의 눈으로 바라본 이순신 리더십은 다르다. 460년이 지
난 오늘, 우리는 농촌을 바라보며 무슨 생각을 할 것인가.

흙에서 나는 것 치고 사람 입에 들어가지 않는 것이 없을 만큼 농
업은 중요한 산업이다. 또 정직한 노동과 생명력이 있고 성장과 결실
의 법칙이 정직하게 드러나기에 농업은 근본인 동시에 터전임에도 불

구하고, 사소한 일에까지 꼬치꼬치 신경을 써주는 주도적인 리더는 찾아볼 수가 없다.

이런 농촌에 무슨 무두일이 필요하겠는가. 당장 농촌은 충무공과 같은 깐깐한 리더를 필요로 하는 유두일(有頭日)을 원한다.

정보의 중요성을 일찍이 간파한 것도 이순신 장군의 힘. 현대 정보전을 방불케 한 상황에서 일본군의 움직임을 손바닥 들여다보듯이 파악한 상태에서 전투를 치렀고, 이를 위해 그가 택한 전략은 선택과 집중이었다.

지금의 농촌은 이순신의 리더십을 원하고 있다. 쌀 수입 개방의 파고는 새로운 고통과 더 많은 인내가 동반될 것이다. 이제 오직 농촌 구성원의 인내와 농촌리더의 유능한 리더십만이 농촌을 살릴 수 있다. 지금까지 전국적으로 마을가꾸기가 활성화된 지역을 살펴보면 지역리더의 역할은 절대적이다. 즉 리더를 중심으로 지역의 특성을 살린 차별화 전략으로 잎시가는 마음과 뒤처지는 마을로 양분되고 있다.

지금의 시점에서 우려하지 않을 수 없는 부분은 과거 농촌운동에 주도적으로 앞장섰던 농촌의 지도자가 사라지고 있다는 데 있다. 특히 우리 농촌의 역사를 면면히 이어 온 다양한 가치와 정신들은 갈수록 실종되고 있다. 이제부터라도 농촌은 소득의 가치를 넘는 매우 소중한 사회적 자산임을 분명히 인식해야 한다.

앞으로 활력이 떨어진 마을의 침체위기를 극복하여 농촌의 새로운 전기를 마련키 위해서는 마을 주민들의 자발적인 움직임이 필요하다. 그러기 위해서는 마을의 리더를 발굴하고 육성하는 문제가 가장 선결해야 할 조건이다. 이런 마을만이 결국 최후의 승자가 될 것이다.

이제 농촌마을이라는 버스보다 농촌마을을 운전할 수 있는 면허증을 가진 리더가 우선순위가 되어야 한다. 즉 똑똑한 리더가 앞에서 끌어 주고 마을주민들이 뒤따라야만 농촌이 확 달라질 것이다.

(2006. 4)

농촌사회에 대한 책임과 친환경

활력 있는 농촌을 만들기 위해서는 사회성 평가제도의 정착 노력이 필연적이다. 특히 기업·기관·사업조직의 대부분이 지역사회와 지역 농산어촌을 기반으로 사업하고 활동하는 만큼 지역사회·경제·문화의 구심체 역할을 해나가는 근간이 돼야 한다. 그래야만 지역민으로부터 신뢰받고 사랑받는 사업체로 평가받을 수 있다.

아이들에게 꿈과 희망을 주는 농촌을 위해 지역 사회와 지역
농산어촌을 기반으로 한 경제·문화의 구심체 역할을
해나가는 조직문화가 형성돼야 한다.

그런 의미에서 '사회에 대한 책임'과 '친환경'을 강조하는 새로운 책이 바로 존 아니스비츠가 지은 『메가트렌드 2010』이다.

아이들에게 꿈과 희망을 주는 2010 농촌을 위하여

이 책은 장기적 변화를 예측해 새로운 세기를 주도하는 거대 줄기를 읽어낸 미래예측서다. 저자는 기업이 이익창출 외에 사회적 책임을 실천하고 소비자는 편리함 대신 가치를 추구하는 등 지난 세기와 대비되는 7가지 큰 변화의 흐름을 제시한다.

주로 경제적인 관점에서 접근한 이 7가지 큰 물결은 물질 만능주의에서 가치를 중시하는 사회로의 변화라는 공통분모를 안고 있다.

그중 농업부문은 다음과 같다.

2010년 우리나라의 농촌시장은 농산물소비, 농촌인구 구성, 농촌사회 문화의 변화, 농촌 경제 트랜드의 영향을 받아 농산물 수요의 슬림화, 자연식품과 유기농식품 등 양과 질에 있어 자연 친화적인 변화가 예상된다.

활력 있는 농촌을 창조하자

먼저 농산물 소비 트랜드의 변화가 농촌시장에 미칠 영향은 탈도심 귀농현상이다. 압축고도 산업화과정에서 만연된 '빨리빨리' 삶에서 벗어나 느리고 여유로운 삶을 추구하는 다운시프트(Downshift) 소비현상이다. 도시의 바쁜 생활을 떠나 소도시나 농촌으로 향하는 귀농가정은 전원생활형 귀농과 전업형 귀농으로 구분할 수 있으며 경우에 따라서는 한적하고 여유로운 외국으로 떠나기도 할 것이다.

다운시프트 현상에 다른 주거의 탈도심화는 베이비붐 세대의 은퇴와 함께 본격화될 귀농현상과 맞물려 전원주택에 대한 수요의 증가로 나타날 것이다.

활력 있는 농촌문화를 위해 새로운 농촌시장의 트랜드에 부합하는
농촌정책과 농업관련기관의 대비가 요구된다.

　주택공급 측면에서는 다운시프트족의 주거욕구를 만족시켜 줄 자연
친화적 주택상품들, 예를 들면 전원주택, 농장주택, 펜션 등이 더 확
산될 것이다.

　둘째, 가치소비자 시대의 도래는 농산물의 브랜드 소비를 확산시킬
것이다. 최고의 브랜드를 소비한 뒤 느끼는 만족감은 비록 감성적이
지만 차선의 제품을 통해서는 느낄 수 없다는 소비 만족도, 즉 브랜
드 소비가 농산물 시장에도 더욱 확산될 것이다.

　농산물 공급 측면에서는 소비자에게 단순히 먹는 것 이외에 감성적

인 만족을 줄 수 있는 농산품 및 농산물브랜드 개발이 요구된다.

셋째, 웰빙 바람을 타고 건강식품에 대한 관심이 확산되고 있는 가운데 향후 농산물 시장은 건강기능식품관과 바이오벤처관, 친환경 자연식품관 등으로 꾸며질 것이다.

특히 근래에 유해식품 문제가 붉어지고 있는 상황이어서 친환경 자연식품관은 유기농 제품들을 시식하려는 사람들로 북적될 것이다.

2010년대는 다양성이 만발하는 시대로서 사회구성원이 수많은 계층으로 분화되고 이것은 다양한 삶의 방식으로 나타나게 될 것이다.

여기에 농촌인구 및 농업구조의 변화, 기술혁신 및 가치관의 변화가 더해져 농촌의 기능 및 개념이 근본적으로 바뀔 것이다. 새로운 농촌시장의 트랜드에 부합하는 농촌정책과 농업관련기관의 대비가 요구된다.

(2006. 4)

농업적 접근과 같은 로드맵 필요

독도에 대한 일본의 어로탐사 계획으로 촉발된 한·일 간의 긴장은 상호 외교교섭이 타결됨으로써 일단 봉합됐다. 자칫하면 한·일 간 우호관계가 정면으로 깨질 뻔했다.

이러한 일본의 독도영유권 주장은 상호 국익 우선주의가 팽배한 경향에 비춰 앞으로도 더욱 수위를 높여 공격해 올 것이라는 것은 불을 보듯 뻔하다. 상호 맞불작전이 어느 정도 효력은 있을 수는 있지만, 앞으로는 차분한 행동 실천이 더 위력이 있을 것이다.

이번 외교교섭이 봉합 수준에 그쳤다면 또다시 터질 한·일 갈등을 대비하는 독도 지키기 로드맵이 필요하다. 즉 독도학 신설, 이타적인 협동문화 정착, 다각적인 홍보전략 그리고 농업적 접근 추진, 이렇게 4가지를 꼭짓점으로 한 통합적인 접근을 시도하자는 얘기다.

우선 독도학이 신설되어야 한다. 가요계에선 전문 트로트학과가 생겼다. 하지만 정작 '독도학'은 없다. 트로트학 못지않게 '독도학'도 중요하다. 왜냐 하면 우리 국민이 독도에 대해 너무 많은 것을 모른다. 그리고 알고 있는 사실조차도 왜곡된 내용이 많다.

지금부터는 독도를 바로알기 위한 고민과정이 필요하다. 독도문제를 제대로 알아야 진실을 밝힐 수 있고, 바로잡을 수 있다. 국제정치, 외교문화, 역사, 사회심리 등 종합적으로 접근한 독도학을 만들어 우리 국민 모두가 독도를 제대로 알 수 있는 기회가 마련되어야 한다. 그리고 한 목소리를 내어야 한다.

둘째, 이타적인 협동문화가 정착되어야 한다. 요즘 사회 속 마디마디에 웰빙(Wellbing)이 자리 잡고 있다. 물론 잘 먹고 행복하게 잘살자는 풍조일 것이다. 하지만 웰빙 속 내부를 들여다보면, 내 한 몸 잘 먹고 잘살기 위한 이기적인 라이프스타일이 강하다.

대신 다른 사람과의 '협동'은 뒷전이다. 여기에 독도사랑에 대한 위기의식이 존재한다. 그렇다고 애국심의 동력을 결정하는 협동의식을 웰빙이즘으로 묶어 놓아선 안 된다. 따라서 협동의 볼륨을 키워 독도사랑문화가 정착되어야 한다.

셋째, 다각적인 홍보전략이다. 이번 분쟁을 계기로 독도 홍보전략 역시 재정비돼야 한다. 역사적인 사실과 자료로 보면, 분명 독도는 우리 땅이고, 우리가 마음껏 뛰어놀 수 있는 텃밭이어야 한다. 하지만 홍보 부족 탓으로 일본에게 끌려가고 있다.

이는 그동안 일본이 전 세계를 상대로 오래 전부터 독도문제에 대해 치밀한 계산하에 집요한 홍보를 펼친 결과다.

이제 독도를 지키고 문제의 본질을 알리기 위해 정부와 민·관 모두가 적극 나서야 한다. 그리하여 백의(白衣) 소매를 걷어 붙인 한국 국민의 독도 사랑이 전 세계에 울려 퍼져야 한다.

넷째, 농업적 접근이 필요하다. 독도가, 유인도로 되고 그 유인도에 사는 주민이 우리 국적을 갖고 있는 상태에서 30년 이상을 유지한다면 그것은 국제적으로도 시효 취득이 된다. 여기서 유인도는 몇 가지의 조건이 충족돼야 하는데, 그 조건 중 절대적인 것이 그 섬에 사람이 살면서 마실 수 있는 담수(천연 샘물)가 있어야 한다. 다행히도 우리 주민이 살고 있는 서도에 샘물이 있으며, 지금도 조금은 무리지만 주민도 거주하므로 유인도의 조건충족은 되어 있다. 따라서 이제는 농업적 접근이 필요하다.

독도에 무궁화 꽃을 심어요.

당장 우리나라 꽃, 무궁화부터 심어야 한다. 무궁화 꽃은 근면과 창
조, 은근과 끈기, 개성과 협동정신이 담겨져 있고, 강한 생명력을 가
진 우리나라 국화이다. 한국 땅 독도에 우리 농업과 우리 자연이 숨
쉬게 해야 한다.

독도는 또 하나의 대한민국이다. 과거 애국심의 발로인 상호 맞불
작전과는 달리 꼭짓점 댄스와 같은 조화로운 협업방식이 독도 지키기
를 보장해 줄 것이다.

(2006. 5)

· 저자 ·

전성군 · 약 력 ·
1961년 11월 22일생
전북대 졸업
동대학원 경제학박사
현) 건국대 강사 / 농산어촌어메니티연구회
운영위원
농협중앙교육원교수

농촌은 마음의 본향입니다
농촌은 연인입니다
농촌은 희망이자 등불입니다

· 주요논저 ·
「연구논문」

· 알짜베기 쌀백과(1998)
· 경지정리사업의 경제적 효과분석(1999)
· 이해관계자 협동조합 사례연구(2004)
· 농촌어메니티개발에 관한 연구(2007)

외 다수

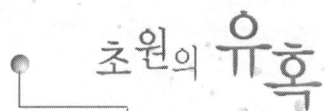

초원의 유혹

· 초판 인쇄 | 2007년 11월 15일
· 초판 발행 | 2007년 11월 15일

· 지 은 이 | 전성군
· 펴 낸 이 | 채종준
· 펴 낸 곳 | 한국학술정보㈜
경기도 파주시 교하읍 문발리 513-5
파주출판문화정보산업단지
전화 031) 908-3181(대표) · 팩스 031) 908-3189
홈페이지 http://www.kstudy.com
e-mail(출판사업부) publish@kstudy.com
· 등   록 | 제일산-115호(2000. 6. 19)
· 가   격 | 25,000원

ISBN   978-89-534-7731-5 93520 (Paper Book)
        978-89-534-7732-2 98520 (e-Book)